VW GOLF

MEISTER ALLER KLASSEN

Björn Marek

VW GOLF

MEISTER ALLER KLASSEN

KOMET

Bild Seite 6: Der Golf 6 verfügt wahlweise über die adaptive Fahrwerksregelung DCC, die bis zu 1.000 Mal pro Sekunde an jedem Rad einzeln über Sensoren die jeweilige Fahrbahnbeschaffenheit misst und zugleich die Signale von Servolenkung, Getriebe, Bremsen, Motor sowie Fahrassistenzsystem auswertet und daraufhin die Dämpfercharakteristik in Millisekunden auf die Fahrbahnbedürfnisse anpasst. Drei Programm-Modi (Normal, Comfort und Sport) lassen sich vom Fahrer vorwählen.

www.komet-verlag.de
Autor: Björn Marek
Bildquellen: Alle Fotos und Abbildungen mit freundlicher Genehmigung der Volkswagen Aktiengesellschaft
Gesamtherstellung: KOMET Verlag GmbH, Köln
Produktion: Hans-Joachim Schneider

ISBN 978-3-89836-895-7

Inhalt

Der Golf

D
WOB GO 182

1974
Stiftung AutoMuseum Volkswagen

Anfang des Jahres 1974 betritt der legitime Nachfolger des VW Käfers das Licht der Öffentlichkeit. Der Golf bedient sich zwar des Radstandes seines Vorgängers, hat ansonsten aber nahezu nichts mit ihm gemein. Mit einem c_W-Wert von 0,42 war der rund 3,70 Meter lange Golf genauso windschnittig wie einige echte Sportwagen der damaligen Zeit.

Der Golf – Generation 1

1974 bis 1983

Ebenso wie der Dezember des Jahres 1945 (jener Monat, in dem die ersten 55 Serienfahrzeuge des VW Käfers vom Band rollten) oder der März 1950 (hier geht der VW-T1-Bus in Produktion) gehört auch der Januar 1974 zu den bedeutendsten Daten in der Geschichte der Marke Volkswagen. In jenem Frühlingsmonat wird im Werk Wolfsburg der erste Serien-Golf fertiggestellt. Erträumen lassen, dass bis zum heutigen Zeitpunkt und bis zur aktuellen sechsten Generation mehr als 26 Millionen Exemplare (und damit mehr als vom Käfer) einen Kunden finden sollten, hätte sich damals ganz gewiss niemand. Der Druck auf die Verantwortlichen war groß, mit dem Golf an die Erfolge des legendären Bestsellers Käfer anzuknüpfen.

VW-Chef Kurt Lotz leitete mit dem Start des Projektes „EA 337" das große Umdenken in die Wege: Wassergekühlt, mit Frontantrieb, eine selbsttragende Karosserie, den Motor vorne quer verbaut und nach dem Baukastenprinzip konzipiert – so ist der Golf. Nach der Fertigstellung und Genehmigung der technischen Basis erhielt Designer Giorgio Giugiaro den Auftrag, dem Neuling ein einprägsames, bodenständiges Äußeres zu verpassen.

Prototyp

Die eigentliche Geschichte des Wagens, dessen Name heutzutage sogar für eine ganze Fahrzeugklasse steht, beginnt bereits im Jahr 1967, also sieben Jahre vor der Präsentation des Golf-1-Serienmodells. Nachdem Heinrich Nordhoff, seines Zeichens damaliger Chef des Volkswagen-Konzerns, scheinbar zu lange auf das Heckmotor-Konzept des Käfers gesetzt hatte und die Verkaufszahlen im Laufe der Jahre immer weiter zurückgegangen waren, leitete Nordhoffs Nachfolger Kurt Lotz mit dem Start des Projektes „EA 337" das große Umdenken in die Wege: wassergekühlt, mit Frontantrieb, eine selbsttragende Karosserie, den Motor vorne quer verbaut und nach dem Baukastenprinzip konzipiert, um auch kostengünstig Motoren und weitere Teile von Audi nutzen zu können. Nach der Fertigstellung und Genehmigung der technischen Basis erhielt Designer Giorgio Giugiaro den Auftrag, dem Neuling ein einprägsames, bodenständiges Äußeres zu verpassen. Entwicklungskosten in Höhe von insgesamt 1,5 Milliarden D-Mark flossen innerhalb von vier Jahren in das Projekt EA 337, das Ergebnis sprach letztlich allerdings für sich.

Ebenfalls im Modelljahr 1974 lanciert Volkswagen einen sportlichen Coupé-Ableger des Golf. Der nach einem afrikanischen Wüstenwind benannte Scirocco nutzt die Basis des Käfer-Nachfolgers, setzt in Sachen Design auf größere Dynamik, geht dafür allerdings auch nur als 2+2-Sitzer in den Verkauf.

Namensfindung

Zunächst trug das Projekt den Namen „Scirocco", wobei dieser Name schließlich für das Golf-Sportcoupé VW Scirocco übernommen wurde, den Nachfolger des Karmann-Ghia. Kurz vor der Markteinführung entschieden sich die Verantwortlichen dann für den Namen „Golf". Auch die Bezeichnung „Blizzard" hatte zunächst zur Diskussion gestanden, war aber bereits von einem Skihersteller lizensiert worden.

Die Assoziation mit der gleichnamigen Sportart liegt nicht allzu fern, schickte Volkswagen in den Folgejahren doch auch andere Modellnamen mit Anlehnung an Sportarten wie den Polo, den Derby oder den Caddy ins Rennen um die Gunst der Käufer. Werbesprüche wie „Der neue Volkssport: Golf" unterstrichen den Weg des neuen VW, ein luxuriöses Fahrzeug – allerdings zu einem humanen Preis – für die breite Masse zu sein.

Für seine Exportkarriere in den USA erhielt der Golf einen anderen Namen – „Rabbit", zu Deutsch: Kaninchen. Die Änderung der eigentlichen Modellbezeichnung hielten die damaligen Verantwortlichen für notwendig, um eine Verwechslung mit der prominenten US-Tankstellenmarke „Gulf Oil" auszuschließen, deren Name englisch ausgesprochen ähnlich klingt.

Hier kann man sich auf la

Wie bequem ein Auto ist, ist spätestens nach einer längeren Reise klar. Entweder man fühlt sich wie gerädert. Oder aber ausgeruht. Wie beim Golf.

Denn der Golf hat einen breiten und langen Innenraum: Zwei Meter vom Gaspedal bis zur Rückenlehne der Hintersitzbank.

Die Sitze sind vorn vielfach verstellbar. Und sie geben einen festen Seitenhalt.

Doch selbst in den besten Sitzen bleibt das Fahren anstrengend, wenn nicht das Fahrwerk für ein problemloses Fahrverhalten sorgt. Wie beim Golf.

Die langen und progressiv ausgelegten Federwege schlucken die Schlaglöcher und Bodenwellen, wie sie auch kommen.

Er hat eine breite Spur und einen langen Radstand. Die Räder sind einzeln aufgehängt.

Golf, der Kompakt-V

…gen Strecken langstrecken.

Vorn an Federbeinen. Hinten an der neuartigen Verbundlenkerachse.

Damit sich lange Strecken nicht ganz so in die Länge strecken, hat der Golf einen schnellen Frontmotor, der nicht müde zu kriegen ist. Mit 50 oder 70 PS. Mit obenliegender Nockenwelle. Mit 140 km/h oder 160 km/h Spitze. Mit bescheidenem Benzinverbrauch: 8 Liter oder 8,5 Liter Normalbenzin. (Nach DIN.)

Wenn einer eine Reise tut, dann hat er nicht nur viel mitzunehmen. Sondern noch mehr zurückzubringen. Deshalb können Sie beim Golf den ohnehin großen Gepäckraum von 350 Liter auf 700 Liter vergrößern. Durch eine Heckklappe kommen Sie mühelos an die Sachen heran. Schließlich soll das Auspacken nicht anstrengender sein als das Fahren selbst.

…to, Motor und Spaß.

Das Interieur überzeugt durch seine klar strukturierte Formgebung mit dem optisch in Kreis und Rechteck gegliederten Armaturenbrett, das an die Front des Golf erinnern soll. Bis zu fünf Insassen haben Platz.

Premiere

Bei seiner Präsentation in München im März 1974 vor Journalisten und potentiellen Kunden schlägt der Golf ein wie eine Bombe. Die Reaktionen sind überschwänglich, der Neuling als Nachfolger des legendären Käfers auch von den Außenstehenden schlagartig legitimiert. Er bedient sich zwar des gleichen Radstandes von 2.400 Millimetern wie der Käfer, hat aber ansonsten nahezu nichts mit seinem Vorgänger gemein: eine stark abfallende Motorhaube, klar gezeichnete Seitenscheibenflächen, ein Schrägheck mit großer Klappe und ein sympathisches Gesicht mit freundlichen Rundscheinwerfern. Mit einem c_W-Wert von 0,42 ist der Golf genauso windschnittig wie einige echte Sportwagen der damaligen Zeit. In seiner Gesamtlänge von rund 3,70 Metern fällt er deutlich kürzer als der Käfer aus, bietet jedoch wesentlich mehr Raum in seinem Inneren und ist zudem als Drei- und Fünftürer erhältlich. Gefertigt wird der Golf im Werk Wolfsburg, die Produktion des Käfers wird ins Werk Emden verlagert, welches zwischen 1974 und 1977 zusätzlich den Golf montiert.

Das Interieur überzeugt durch seine klar strukturierte Formgebung mit dem optisch in Kreis und Rechteck gegliederten Armaturenbrett, das an die Front des Golf erinnern soll. Bis zu fünf Insassen haben Platz, der Kofferraum schluckt 350 Liter im Normalzustand, bei umgeklappter Rückbank sogar

deutlich mehr. Kopfstützen gehören noch zum aufpreispflichtigen Equipment.

Als Antrieb stehen zur Markteinführung zwei Motorenvarianten in Vierzylinder-Reihenkonfiguration zur Verfügung: Die Basis bildet ein 1,1 Liter großes Aggregat mit 50 PS Leistung, welches den Golf auf bis zu 140 Stundenkilometer beschleunigt. Gegen Aufpreis wächst diese Höchstgeschwindigkeit auch auf 160 km/h an – dem 1,5-Liter-Motor mit 70 Pferdestärken sei Dank. Die Kraftübertragung erfolgt über ein Viergang-Schaltgetriebe, optional ist ab Oktober 1974 für den großen Motor eine Automatik erhältlich. Das leichte Fahrwerk mit seiner Federbein-Vorderachse und der Verbundlenkerachse im Heck weiß zu gefallen, die Zahnstangenlenkung agiert leichtgängig und präzise. Die Verzögerung erfolgt im ersten Modelljahr zunächst rundum über ein diagonales Zweikreisbremssystem mit Trommelbremsen, bevor man ab 1975 Scheibenbremsen an der Vorderachse installiert.

Im Juni 1976 folgt ein neues Highlight aus dem Hause Volkswagen: Im schwedischen Stockholm präsentieren die Wolfsburger Kreativköpfe ihren Konter auf die steigenden Energiepreise – den Golf Diesel. Mit seinem kompakten und kultiviert agierenden 1,5-l-Aggregat mit 50 PS Leistung legt der Golf 100 Kilometer Wegstrecke mit gerade einmal sechs Litern Kraftstoff zurück.

Bis zum Ende des Jahres 1976 laufen 6.000 Exemplare des Sport-Golf vom Band, nur der mangelnde Nachschub an Einspritzanlagen bremst weitere Verkäufe. Auf den Fotos zu sehen ist ein marsroter GTI aus dem Modelljahr 1978. Im gleichen Jahr rollt auch der zweimillionste Golf überhaupt vom Band.

In Sachen Außenhaut setzt man auf zwölf knallige Farben mit ebenso wohlklingenden Namen: Wer will, bekommt seinen Golf in Miamiblau oder Cliffgrün, aber auch Phoenixrot, Brillantgelb oder Viperngrün Metallic – ausreichend Möglichkeiten zur Individualisierung also.

Einige Wochen später im Jahr 1974 lanciert man einen sportlichen Coupé-Ableger des Golf. Der nach einem afrikanischen Wüstenwind benannte Scirocco nutzt die Basis des Käfer-Nachfolgers, setzt in Sachen Design auf größere Dynamik, geht dafür allerdings auch nur als 2+2-Sitzer in den Verkauf.

Das bemerkenswerteste Novum im September 1975 ist die Vorstellung eines sportlichen Golf-Prototypen auf der Automesse in Frankfurt. Zum Modelljahr 1976 erfolgt die Serieneinführung ebenjener ganz besonderen Modellvariante – des „Grand Tourisme Injection", kurz „GTI". Hinter seinem GTI-Schriftzug im rot eingefassten Kühlergrill verbirgt sich ein auf 1,6 Liter Hubraum aufgebohrter Vierzylindermotor mit 110 Pferdestärken. Sie beschleunigen den rund 800 Kilogramm leichten und ausnahmslos in Marsrot oder Diamantsilber erhältlichen Dreitürer in 9,2 Sekunden auf 100 km/h. Schluss mit der Beschleunigungsorgie ist erst bei immensen 182 Stundenkilometern.

Modelljahr 1976 – GTI, GL und Diesel

Das bemerkenswerteste Novum im September 1975 ist die Vorstellung eines sportlichen Golf-Prototypen – zu Erprobungszeiten unter dem internen Kürzel „EA 195" bekannt – auf der Automesse in Frankfurt. Nach Standing Ovations durch Besucher und Journalisten erfolgt zum Modelljahr 1976 die Einführung ebenjener ganz besonderen Modellvariante – des heutzutage legendären GTI. Er setzt als „Grand Tourisme Injection" auf die sportlich ambitionierte Käuferschaft, hinter seinem GTI-Schriftzug im rot eingefassten Kühlergrill verbirgt sich ein auf 1,6 Liter Hubraum aufgebohrter Vierzylindermotor mit neu gestaltetem Zylinderkopf, mechanisch einspritzender K-Jetronic und für damalige Zeiten eindrucksvollen 110 Pferdestärken. Sie beschleunigen den rund 800 Kilogramm leichten und zunächst ausnahmslos in Marsrot oder Diamantsilber erhältlichen Dreitürer in 9,2 Sekunden auf 100 km/h. Schluss mit der Beschleunigungsorgie ist erst bei immensen 182 Stundenkilometern. Dank des Sportfahrwerks mit dezenter Tieferlegung und zusätzlichen Stabilisatoren an beiden Achsen bewältigt der zu einem Preis von 13.850 D-Mark erhältliche GTI auch Kurvenfahrten zügiger als viele andere Mitbewerber auf den Straßen der damaligen Zeit. Bis zum Ende des Jahres laufen bereits 6.000 Exemplare des Sport-Golf vom Band, nur der mangelnde Nachschub an Einspritzanlagen bremst weitere Verkäufe.

GTI
WOB-V 294

Um seinen Kunden (noch mehr) Praktikabilität bieten zu können, ist ab 1983 auch ein neues, auf den Namen „Caddy“ getauftes Modell auf dem deutschen Markt erhältlich. Der „etwas andere“ Golf rollt bereits seit 1979 im US-Bundesstaat Pennsylvania als ausnahmslos für den nordamerikanischen Markt vorgesehenes Produkt vom Band und kommt mit zwei Sitzplätzen und einer großen Ladefläche daher.

Zugleich bedient die ebenfalls neue Version GL (Grand Luxe) ebenjene Kunden, die auf das luxuriöse Golffahren setzen; sie finden unter anderem Gefallen an verchromten Radkappen und Zierleisten, bronzegetönten Scheiben und einer reichhaltigen Komfortausstattung im Innenraum.

Bereits drei Monate nach der Markteinführung von GTI und GL im Juni 1976 folgt ein neues Highlight aus dem Hause Volkswagen: Im schwedischen Stockholm präsentieren die Wolfsburger Kreativköpfe ihren Konter auf die steigenden Energiepreise – den Golf Diesel. Mit seinem kompakten und kultiviert agierenden 1,5-l-Aggregat mit 50 PS Leistung, gefertigt im Werk Salzgitter und im Rahmen eines mehrjährigen Forschungsprojektes entwickelt, legt der Golf 100 Kilometer Wegstrecke mit gerade einmal sechs Litern Kraftstoff zurück und erreicht bei 140 km/h seine Höchstgeschwindigkeit.

Mit rund 206.000 verkauften Fahrzeugen avanciert der Golf im Jahr 1976 zum meistverkauften Pkw Deutschlands. Doch damit nicht genug – auch die Eroberung des amerikanischen Kontinents haben sich die Verantwortlichen auf die Fahne geschrieben. Mit der Gründung der „Volkswagen Manufacturing Corporation of America“ am 6. Juli 1976 stellt man die Weichen für einen Produktionsstandort in Westmoreland im US-Bundesstaat Pennsylvania, wo ab April 1978 ebenfalls Golfs gefertigt werden. Teiletechnisch beliefert wird man dort nicht nur durch Getriebe und Motoren aus der Bundesrepublik

Ebenfalls im Modelljahr 1979 präsentieren die VW-Obersten den Jetta, einen Golf-Ableger mit zusätzlichem Stauraum. Dank Stufenheck-Auslegung nutzt er zwar die identische Plattform mit gleichem Radstand, bietet aber einen wesentlich größeren Kofferraum. Der Jetta ist rund 50 Zentimeter länger als der Golf.

Seite 22: Als Nachfolger des noch immer in den Köpfen der Menschen und auf den Straßen allgegenwärtigen Käfer Cabriolets ist ab dem Modelljahr 1979 ein Golf mit gut gefüttertem, wasserdichtem Verdeck erhältlich, der Platz für vier Personen sowie Schutz und Verwindungssteifigkeit durch seinen mittig platzierten Überrollbügel bietet. Dieser beschert dem Cabrio im Volksmund auch den Spitznamen „Erdbeerkörbchen“. Gebaut wird der offene Golf extern beim Karosseriebau-Unternehmen Karmann mit Hauptsitz im niedersächsischen Osnabrück.

Deutschland, sondern ebenso durch Kühler, Hinterachsen und weitere Teile von „Volkswagen de Mexico, S.A. de C.V.“. Hier hört das Erfolgsmodell auf den Namen „Caribe“.

Im Oktober 1976 läuft bereits der einmillionste Golf vom Fließband, im Juni 1978 durchbricht die Produktion die Zwei-Millionen-Marke.

Modelljahr 1979 – Der „Oben-ohne“-Golf

Welchen schöneren Ort könnte es geben als die südfranzösische Küstenstadt St. Tropez, um einen Golf in Serie zu schicken, der weniger Blech aufweist als die bisherige Variante und dennoch durch neue Reize begeistert? Als legitimer Nachfolger des noch immer in den Köpfen der Menschen und auf den Straßen allgegenwärtigen Käfer Cabriolets ist von nun an ein Golf mit gut gefüttertem, wasserdichtem Verdeck erhältlich, der Platz für vier Personen und Schutz und Verwindungssteifigkeit durch seinen mittig platzierten Überrollbügel bietet. Dieser beschert dem Cabrio im Volksmund auch schnell den Spitznamen „Erdbeerkörbchen“. Gebaut wird der offene Golf extern beim Karosseriebau-Unternehmen Karmann mit Hauptsitz im niedersächsischen Osnabrück. Das Verdeck liegt auf dem Heck auf und so bleibt ein akzeptabler Stauraum für Gepäck & Co. erhalten. Mit seinen rund 900 Kilogramm Leergewicht wird das Cabriolet in der Basisvariante von einem 70 PS starken 1,5-l-Vierzylinder mit Solex-Vergaser angetrieben, preislich beginnt die

Bereits seit dem Jahr 1977 partizipierte die hauseigene Motorsport-Abteilung an Veranstaltungen wie der Deutschen Rallye-Meisterschaft. Mit dem hier gezeigten Exemplar etwa wurden Paul Schmuck und Alfons Stock in der Saison 1981 deutsche Rallye-Meister. Unter der Haube des Golf arbeitet ein 1,6 Liter großer und, dank umfangreicher Modifikationen, 197 PS starker Vierzylinder.

„Oben-ohne"-Golf-Welt als „GL" bei 17.389 D-Mark. Optional erhältlich ist alternativ der aus dem Modell GTI bekannte 1,6-l-Motor. Ab sofort erweitert auch ein 1,3-l-Aggregat mit 60 PS die allgemein erhältliche Motorenpalette.

Das Cabrio auf Basis der ersten Golf-Generation läuft parallel zu den Generationen 2 und 3 bis in die 1990er-Jahre hinein unverändert vom Band, bevor es letztlich im Jahr 1993 durch den offenen Golf der dritten Generation ersetzt wird.

Ebenfalls im Modelljahr 1979 lancieren die VW-Obersten den Jetta, einen Golf-Ableger mit zusätzlichem Stauraum. Dank Stufenheck-Auslegung nutzt er zwar die identische Plattform mit gleichem Radstand, bietet aber einen wesentlich größeren Kofferraum. Der Jetta ist rund 50 Zentimeter länger als der Golf, optisch erkennbar ist er von vorne betrachtet insbesondere durch seine markanten rechteckigen Scheinwerfer anstelle der gewohnten Rundleuchten.

Modelljahr 1980 – Time to change

Vor der Erfolgsnachricht, im November 1980 den viermillionsten Golf in die Hände eines Kunden übergeben zu können, erhält der Dauerbrenner zunächst ein umfassendes Facelift: Breiter gestaltete Rückleuchten ersetzen bei den geschlossenen Versionen die schmalen Leuchteinheiten, lediglich beim Cabrio bleiben diese erhalten. Türverkleidungen und das Kombiinstrument kommen im neuen Look daher, ein Drehzahlmesser und eine Kühlflüssig-

Im Interieur des Pirelli GTI fand die sportlich ambitionierte Käuferschaft neben der gewohnten GTI-Ausstattung zusätzlich unter anderem eine Multifunktionsanzeige, ein griffiges Lederlenkrad und einen extravaganten Golfball auf dem kurzen Schalthebel.

keitsanzeige sind nun Standard bei allen Modellen. Das Armaturenbrett ist je nach Ausstattung in zwei optisch unterschiedlichen Versionen erhältlich.

Als Antriebe stehen im Modelljahr 1980 insgesamt fünf Vierzylinder-Benziner (1,1 Liter mit 50 PS, 1,3 Liter mit 60 PS, 1,5 Liter mit 70 PS und zwei 1,6-Liter-Motoren mit 85 PS und 110 PS) sowie ein Diesel mit 1,5 Litern Hubraum und 50 PS/80 Newtonmetern Drehmoment zur Verfügung, der ab August mit 54 PS und 100 Newtonmetern aufwartet.

Modelljahr 1981 – Einstiegsmodell und Automatik-Diesel

Der Dieselmotor ist nun wahlweise mit einem dreistufigen Automatikgetriebe erhältlich, der „Golf Formel E“ besticht durch eine Start-Stopp-Automatik sowie eine Schaltempfehlungs- und Verbrauchsanzeige. Erkennbar ist der Selbstzünder ab sofort an einem eigenen Schriftzug im Kühlergrill. Mit dem „C“ bereichert ein kostengünstiges Einstiegsmodell das Portfolio, ebenso ist nun der „CL“ erhältlich.

Modelljahr 1982 – GTD & neuer GTI-Motor

Die Neuigkeit im Jahr 1982 sollte die Einführung einer neuen Dieselmotor-Variante sein. Der Golf „GTD“ bildet das Äquivalent zum Benziner-GTI und setzt auf den Look seines sportlichen Bruders und ein straff abgestimmtes Fahrwerk. Unter Zuhilfenahme eines Turboladers leistet der 1,6 Liter große Selbstzünder nun 70 PS, ein zusätzlich installierter Ölkühler sorgt

Schier unverwüstlich.

„Besonders zu loben sind der schier unverwüstliche Motor, das gut abgestimmte Fahrwerk und die Qualität der Karosserieverarbeitung." Mit diesen Worten zieht „Das Magazin der Technik HOBBY", eine der großen populärtechnischen Zeitschriften Europas, Bilanz. Bilanz nach einem 60000-Kilometer-Dauertest. In nur einem einzigen Jahr. Dabei wurde der Golf nicht nur von einem Tester gefahren. Sondern von einem guten Dutzend. Das sind Belastungen, wie sie ein Auto nur selten über sich ergehen lassen muß. Und trotzdem heißt es weiter im Fazit:

„Die Zuverlässigkeit im Einsatz war es auch, die von uns besonders geschätzt wurde, aber auch die Möglichkeit, viel Gerät bei vorgeklappten Rücksitzen transportieren zu können."

Und zur Wirtschaftlichkeit: „Wie die Tabelle zeigt, war der Golf in seiner 60000-Kilometer-Laufzeit recht sparsa mit Reparaturen und Ersatzteilen." Od an anderer Stelle: „In der Nutzen-K stenrechnung überwiegt der Nutzen, v allem dann, wenn man den günstige Verbrauch berücksichtigt."

**Golf.
Der Kompaktwage
von Volkswagen.**

Im letzten Modelljahr der ersten Golf-Generation präsentieren die Volkswagen-Mannen nicht nur die Versionen „LX" und „GX" mit besonderen Ausstattungsdetails, sondern insbesondere den „Pirelli GTI". Das limitierte Modell – insgesamt 10.500 Einheiten wurden im Jahr 1983 produziert – basierte auf dem gewohnten „Grand Tourisme Injection", kam aber mit einer extra reichhaltigen Ausstattung daher.

für optimale Betriebstemperaturen. Wer im gleichen Modelljahr den Kaufvertrag für einen GTI unterschreibt, bekommt seinen Wagen ab sofort mit einem 1,8-l-Aggregat geliefert, das nun 112 PS bei 5.800 U/min leistet und ein Drehmoment von 153 Newtonmetern bei 3.500 U/min entwickelt. Zudem ist der Sportler unter den Golf-Varianten nun erstmals auch als Viertürer erhältlich.

Im Februar 1982 läuft der fünfmillionste VW Golf vom Fließband.

Modelljahr 1983 – Pirelli GTI & Co.

In diesem Jahr durchbricht die Golf-Produktion die Sechs-Millionen-Marke, aber auch das Ende der ersten Generation wird eingeläutet. Doch warum still und heimlich zum Nachfolger überleiten, wenn man doch mit Pauken und Trompeten – genauer gesagt begeisternden Sondermodellen – die vergangenen Erfolge gebührend besiegeln kann? Also präsentieren die Volkswagen-Mannen nicht nur die Versionen „LX" und „GX" mit besonderen Ausstattungsdetails, sondern insbesondere den „Pirelli GTI". Das limitierte Modell – insgesamt 10.500 Einheiten werden im Jahr 1983 produziert – basiert auf dem gewohnten „Grand Tourisme Injection", kommt aber mit einer extra reichhaltigen Ausstattung daher. So verfügt der wie seine Brüder 112 PS starke und bis zu 183 km/h schnelle Golf über einen Kühlergrill mit Doppelscheinwerfern, Colorverglasung, Kotflügelverbreiterungen und Stoßstangen in Wagenfarbe sowie Leichtmetallräder im speziellen Pirelli-Design. Darüber hinaus besitzt der Pirelli GTI

Der wie seine Brüder 112 PS starke und bis zu 183 km/h schnelle Pirelli Golf bestach äußerlich durch seinen Kühlergrill mit Doppelscheinwerfern, eine Colorverglasung, Kotflügelverbreiterungen und Leichtmetallräder im speziellen Pirelli-Design.

im Innenraum eine Multifunktionsanzeige, ein griffiges Lederlenkrad und einen urigen Golfball auf dem kurzen Schalthebel. Erhältlich ist das Sondermodell nicht nur in allen im Modelljahr 1983 verfügbaren Serienfarben, sondern zusätzlich in einem heutzutage selten gesehenen Goldton.

Um seinen Kunden (noch mehr) Praktikabilität bieten zu können, ist ab sofort auch ein neues, auf den Namen „Caddy“ getauftes Modell auf dem deutschen Markt erhältlich. Der „etwas andere“ Golf rollt bereits seit 1979 im US-Bundesstaat Pennsylvania als zunächst ausnahmslos für den nordamerika-

nischen Markt vorgesehenes Produkt vom Band und kommt mit zwei Sitzplätzen und einer großen Ladefläche daher.

Für Europa wird er in Sarajevo, Hauptstadt und Regierungssitz des heutigen Bosnien und Herzegowina, gefertigt. Technisch setzt er im Heck anstelle der Golf-Verbundlenkerachse zwecks größerer Zuladung auf eine Starrachse an Blattfedern.

Insgesamt 6.780.050 Golf 1 laufen bis zum Wechsel auf die zweite Modellgeneration von den weltweiten Montagebändern.

Der Golf – Generation 2

1983 bis 1991

Verfeinerung

Wachstum und Reife – mit diesen Worten lässt sich der Schritt von der Premierengeneration zum zweiten Teil der Golf-Saga wohl am besten beschreiben. Der ab Juni 1983 in der eigens hierfür neu errichteten Werkshalle 54 in Wolfsburg produzierte Neuling ist mit 3,98 Metern rund 28 Zentimeter länger als sein Vorgänger und bei gleicher Fahrzeughöhe rund fünf Zentimeter breiter. Auch der Radstand wächst um 7,5 Zentimeter auf 2.475 Millimeter, die noch rundlicheren und deutlich geglätteten Karosserieformen senken den Luftwiderstandswert von 0,42 auf 0,34. Servolenkung, eine Zentralverriegelung und ähnliche Hilfen sind optional erhältlich, das überarbeitete Fahrwerk mit größerer Spurweite

Der ab Juni 1983 in der eigens hierfür neu errichteten Werkshalle 54 in Wolfsburg produzierte Neuling ist mit 3,98 Metern rund 28 Zentimeter länger als sein Vorgänger und bei gleicher Fahrzeughöhe rund fünf Zentimeter breiter.

Beide Selbstzünder (1,6-l-Motor mit 54 oder 70 PS) können als E-Version (mit zusätzlichem Getriebe-Schongang) mit sparsamen Verbräuchen um die sechs Liter beeindrucken.

(2,3 Zentimeter vorne und 5,0 Zentimeter an der Hinterachse) verbessern die Straßenlage. Die neu entwickelte Heizungs- beziehungsweise Belüftungsanlage für die Passagiere sorgt für frische Luft im Golf-Innenraum, ebenso finden sich hier zu Armlehnen ausgearbeitete Türverkleidungen und das umschäumte Lenkrad für mehr passive Sicherheit.

Die Karosserie erhält ab sofort eine spezielle Hohlraumversiegelung: Bei der sogenannten Flutkonservierung werden die Bleche zunächst auf 60 Grad Celsius erwärmt, bevor sie anschließend in flüssiges Wachs getaucht werden, sodass auch jede noch so versteckte Ecke der Karosserie nun gegen Rost und Korrosion geschützt ist. Erhältlich ist der Neuling in

In Reaktion auf die japanische Exportoffensive in Europa erfolgt die Golf-Fertigung nun in Teilbereichen unter Zuhilfenahme von modernen Robotern, neue Steuerungssysteme ermöglichen die Herstellung jedes einzelnen Fahrzeugs nach individuellen Kundenwünschen.

den Ausstattungsvarianten C, CL, GL, GTI, GTD und der neu hinzugekommenen Edelversion GLX.

Beim Antrieb ihres Golf können die Kunden im Präsentationsjahr bei den Benzinern zwischen einem 1,3-Liter-Motor mit 55 PS, einem 1,6-Liter-Aggregat mit 75 PS, einem 1,8-Liter-Motor mit 90 PS sowie zwei Dieseln mit 1,6 Litern Volumen und 54 oder 70 Pferdestärken wählen. Insbesondere beide Selbstzünder können als E-Version (mit zusätzlichem Getriebe-Schongang) mit sparsamen Verbräuchen um die sechs Liter beeindrucken.

In Reaktion auf die japanische Exportoffensive in Europa erfolgt die Golf-Fertigung nun in Teilbereichen unter Zuhilfenahme von modernen Robotern, neue Steuerungssysteme ermöglichen die Herstellung jedes einzelnen Fahrzeugs nach individuellen

Beim Antrieb ihres Golf können die Kunden im Präsentationsjahr bei den Benzinern zwischen einem 1,3-Liter-Motor mit 55 PS, einem 1,6-Liter-Aggregat mit 75 PS, einem 1,8-Liter-Motor mit 90 PS und zwei Dieseln mit 1,6 Litern Volumen und 54 oder 70 Pferdestärken wählen.

Mit dem im September 1985 auf der Internationalen Automobil-Ausstellung in Frankfurt erstmals präsentierten Golf syncro hält im April 1986 der erste Allrad-Golf Einzug in die Ausstellungsräume der Volkswagen-Händler. Über eine Visco-Kupplung erfolgt die schlupfabhängige Kraftverteilung des ausnahmslos mit dem 98 PS starken 1,8-Liter-Motor erhältlichen Golf syncro an beide Achsen. Im Normalbetrieb wird er wie gewohnt an der Vorderachse angetrieben, bei Traktionsverlust erfolgt die automatische Kraftweiterleitung ans Heck.

Das Golf 1 Cabriolet findet trotz der Tatsache, dass bereits der Golf 2 vom Band läuft, auch im hier gezeigten Modelljahr 1987 noch einen guten Marktabsatz.

Dieser dank zwei 1,8 Liter großen 16V-Reihen-Vierzylindern (einer vorne, einer hinten verbaut) insgesamt 652 PS starke Golf trat im Jahr 1987 beim Pikes-Peak-Bergrennen in den USA an. Wahlweise konnte er mit Front-, Heck- oder Allradantrieb bewegt werden, gefertigt wurde er einst bei „Volkswagen Motorsport" in Hannover.

Kundenwünschen. Die Montage in Halle 54 erzielt einen damals weltweit einmaligen Mechanisierungsgrad von 25 Prozent; im Erdgeschoss der auf einer Grundfläche von 53.000 Quadratmetern ausgedehnten Halle erfolgt der vollautomatische Zusammenbau von Teilen und Aggregaten, im Obergeschoss auf fünf Straßen die Montage der Karosserie, anschließend erneut im Erdgeschoss die Endmontage.

Den Grundgedanken des Golf, ein kostengünstiges und sicheres Auto für die Massen zu sein, haben die verantwortlichen Ingenieure in Generation 2 weiter verfeinert. Noch immer ist er der Wagen fürs Volk, den die weltweiten Kunden seit dem Jahr 1974 kennen und lieben gelernt haben.

Ab 1985 ist der Golf GTI auch alternativ mit 16-Ventil-Technik zu bestellen. Diese Verfeinerung lässt seine Leistung auf 139 Pferdestärken ansteigen, rund 210 km/h Top Speed sind möglich. Im Rahmen der Modellpflege verfügt der GTI ab sofort unter anderem über einen neuen Kühlergrill mit Doppelscheinwerfern.

Modelljahr 1984 – Der neue GTI

Kurz nach der allgemeinen Präsentation der zweiten Golf-Generation erfolgt auch die Markteinführung des neuen Topmodells GTI. Der wassergekühlte und weiterhin 1,8 Liter fassende Reihen-Vierzylinder leistet erneut 112 PS. Das Gesamtkonzept besticht durch serienmäßige Scheiben- anstelle der gewohnten Trommelbremsen an der Hinterachse, 191 Stundenkilometer Höchstgeschwindigkeit verleihen dem GTI-Piloten Flügel.

Auch ist der 1,8-l-Motor ab sofort gegen Aufpreis mit einem geregelten Katalysator ausgerüstet, was Volkswagen rund fünf Jahre vor der allgemeinen Katalysatorpflicht in Deutschland in der Öffentlichkeit besonders gut dastehen lässt. Die Leistung des GTI schrumpft so auf noch immer mehr als ausreichende 107 PS.

* Unverbindliche Preisempfehlung ab Werk für das 40 kW/55-PS-Modell. Extras: 4 Türen, Sonderfarbe.

Das Auto der Nation.

Mittlerweile weiß ja schon jedes Kind, daß der Golf das meistgefahrene Auto in unseren Breitengraden ist.

Von dem haben wir gut und gerne weit über 6.000.000 Exemplare verkauft. Und die Presse redet vom erfolgreichsten Automobilkonzept der Welt in den letzten 10 Jahren.

Logisch, daß man ihm seinen souveränen ersten Platz streitig machen will.

Aber wie? Doch nur, indem die Wettbewerber Deutschlands Autofahrer davon überzeugen können, daß sie ein noch besseres Autokonzept auf die Beine gestellt haben – in Geräumigkeit, Wendigkeit, Styling, Fahrverhalten, Verarbeitung, Wirtschaftlichkeit und Fortschrittlichkeit.

Aber darin ist der Golf seit 1974 der Vorreiter seiner Klasse.

Dank dieser Fähigkeiten ist der Golf nämlich weit mehr als das Auto der Nation: Er ist der Weltervolkswagen.

Der Golf. Ab 13.995 Mark*.

Bei Ihrem V.A.G Partner.

Das Interieur des Golf 2 GTI kommt unter anderem mit dem charakteristischen Schalthebel im Golfball-Design daher.

Modelljahr 1985 – 16-Ventil-Technik

Bereits ein Jahr später, genau genommen ab Juni des Folgejahres, gibt es den GTI auch alternativ mit 16-Ventil-Technik zu bestellen. Diese Verfeinerung lässt die Leistung des Sportwagens auf 139 Pferdestärken ansteigen, rund 210 km/h Top Speed sprechen eine deutliche Sprache. Im Rahmen der Modellpflege verfügt der GTI ab sofort unter anderem über einen neuen Kühlergrill mit Doppelscheinwerfern und einen Doppelrohr-Auspuff.

Modelljahr 1986 – Wachsendes Umweltbewusstsein

Wer gerne sportlich fährt, aber trotzdem sein Umweltbewusstsein demonstrieren will, kann ab 1986 den GTI-16-Ventiler wahlweise auch mit Katalysator bestellen. Dadurch muss zugleich aber auch eine Leistungseinbuße von 10 PS hingenommen werden.

Mit dem im September des Vorjahres auf der Automobil-Ausstellung in Frankfurt erstmals präsentierten Golf syncro hält im April 1986 der erste Allrad-Golf Einzug in die Ausstellungsräume der Volkswagen-Händler. Über eine Visco-Kupplung erfolgt die schlupfabhängige Kraftverteilung des ausnahmslos mit dem 90 PS starken 1,8-Liter-Motor (ab 1989 mit 98 PS) erhältlichen Golf syncro an beide Achsen. Im Normalbetrieb wird er wie gewohnt an der Vorderachse angetrieben, bei Traktionsverlust erfolgt die automatische Kraftweiterleitung ans Heck.

Im Mai 1986 rollt der achtmillionste Golf aus den Werkshallen, ebenso ist ab diesem Zeitpunkt die neue Golf-Variante GT zu bestellen.

Der gesamten Golf-Palette verpasst Volkswagen zum Modelljahr 1987 ein deutliches Facelift, was sich insbesondere am neuen Kühlergrill mit breiteren Rippen und den weggefallenen Fensterstegen/Dreiecksfenstern an den vorderen Seitenscheiben zeigt. Außerdem tauschen die Verantwortlichen Außenspiegel, Seitenschutzleisten und die Handbremsverkleidung, auch sind die Deckenhaltegriffe nun klappbar konzeptioniert.

Ab Ende 1988 ergänzt der Golf Rallye das Portfolio: Dank eines G-Laders leistet der 1,8-l-Vierzylinder 160 PS und 225 Newtonmeter Drehmoment, die er per Syncro-Allradantrieb an beide Achsen weiterleitet. Und von einem dezenten Auftritt im Straßenverkehr hält der Rallye-Golf ebenso wenig: Ausgestellte Radläufe und ein geänderter Kühlergrill outen ihn als wahren Leistungsboliden.

Modelljahr 1987 – Motorenzuwachs & Komplettaufwertung

Zum Modelljahr 1987 erfolgt die Einführung zweier neuer Motoren: So ist der Golf nun auch mit einem 1,3-l-Aggregat mit geregeltem Katalysator, Digijet-Einspritzanlage und 55 PS Leistung erhältlich. Darüber hinaus kommt ab sofort ebenso ein 72-PS-Motor mit 1,6 Litern Hubraum und ebenfalls einem Kat zum Einsatz.

Der gesamten Golf-Palette verpasst Volkswagen ein deutliches Facelift, was sich insbesondere am neuen Kühlergrill mit weniger Rippen und den weggefallenen Fensterstegen an den vorderen Seitenscheiben zeigt.

Außerdem tauschen die Verantwortlichen Außenspiegel, Seitenschutzleisten und die Handbremsverkleidung, auch sind die Deckenhaltegriffe nun klappbar konzeptioniert.

Modelljahr 1988 – Werksschließung & Rallye-Golf

Entgegen weiterhin positiver Verkaufsentwicklungen in Europa muss Volkswagen aus der anhaltenden Krise auf dem amerikanischen Automobilmarkt ernsthafte Konsequenzen ziehen. Im Juli 1988 schließlich entschließt man sich zur Stilllegung der Produktion im Werk Westmoreland in Pennsylvania und verlagert sie stattdessen ins mexikanische Puebla, von wo aus man nun den US-Markt mit Rabbit und Jetta versorgt.

Trübsal blasen ist bei Volkswagen deshalb aber keineswegs angesagt, kann man sich bis zu diesem Zeitpunkt doch bereits über mehr als zehn Millionen weltweit gefertigte Golfs freuen. Außerdem ergänzt ab dem Ende des Jahres der Golf „Rallye" das Portfolio: Dank eines G-Laders leistet der 1,8-l-Vierzylinder nun immense 160 PS und 225 Newtonmeter

Wie heißt das meistgekaufte Auto Deutschlands?

Wissen Sie's?

Dann machen Sie mit bei einem Preisausschreiben, bei dem endlich mal der Wert der Preise in einem angemessenen Verhältnis zur Schwierigkeit der Frage steht.

Erster bis neuntausendneunhundertneunundneunzigster Preis:

ein Aufkleber mit einem lustigen Spruch.

Um Ihnen die Antwort auf unsere Frage ein bißchen leichter zu machen, hier noch ein paar hilfreiche Tips:

Der Name des zu erratenden Wagens besteht aus vier Buchstaben und ist identisch mit einer Sportart, die einen mehr exclusiven Charakter hat. Die Clubs, in denen diese Sportart gepflegt wird, haben mit unserem Wagen eins gemeinsam: reichlich Platz.

So. Wenn Sie jetzt immer noch von nagenden Zweifeln geplagt werden, dann fragen Sie einfach einen Autohändler. Irgendeinen. Der wird Ihnen dieses Preisrätsel – wenn auch zähneknirschend – leicht lösen können.

GEWINN-COUPON: Kästchen ausfüllen und bis zum 30. 11. 84 schicken an: Volkswagen Werbedienst, 4804 Versmold, Postfach 1265/66. Absender nicht vergessen. Mehr als 9.999 richtige Einsendungen? Losentscheid! Der Rechtsweg ist ausgeschlossen.

Die Gewinner bekommen den Preis per Post.

Der [redacted]. Wir sind stolz auf ihn.

Bei Ihrem V.A.G Partner.

Der als Nachfolger des Käfer Cabriolets eingeführte offene Golf 1 wird parallel zur Produktion des Golf 2 bis hinein ins Jahr 1993 nahezu unverändert gebaut, offizielle Cabriolets der Golf-Generation 2 gab es nicht.

Drehmoment, die er per Syncro-Allradantrieb an beide Achsen weiterleitet. Und von einem dezenten Auftritt im Straßenverkehr hält der Rallye-Golf ebenso wenig: Im Blech ausgestellte Radläufe und ein geänderter Kühlergrill outen ihn als wahren Leistungsboliden.

Darüber hinaus erhält der Kunde für seine für den Rallye-Golf investierten 44.500 D-Mark Sportsitze, ein Antiblockiersystem, Scheibenbremsen rundum und natürlich das Gefühl, das „gewisse Etwas" auf der Straße zu bewegen, kostet die Einstiegsvariante des Golf im gleichen Modelljahr doch lediglich rund ein Drittel.

Im Juni läuft der zehnmillionste Golf vom Montageband.

Modelljahr 1989 – Limitierte Freude

Sein Produktportfolio rundet Volkswagen nach oben hin durch eine „Limited"-Version des Golf ab. Diese von der VW-Motorsportabteilung auf die Räder gestellte Edition bringt dank Vierventil-Zylinderkopf des GTI 16V auf dem bekannten 1,8-l-Aggregat und überarbeitetem G-Lader immense 210 PS auf die Straße, auf der der Sportwagen dank wettbewerbstauglicher Fahrwerksabstimmung auch bei Extremmanövern souverän unterwegs ist. Lediglich 71 Exemplare des Golf G60 Limited werden letztlich gefertigt – zu einem Stückpreis von 68.500 D-Mark.

Durch die Installation eines Ladeluftkühlers leistet der 1,6 Liter große Turbodieselmotor nun 80 PS, ebenso erfolgt die Markteinführung eines 1,6-l-Selbstzünders mit 60 PS.

Neben den gewohnten GTIs mit 107 bzw. 112 und 129 bzw. 139 Pferdestärken (mit oder ohne Katalysator) bietet Volkswagen seinen Kunden in diesem Modelljahr auch den GTI G60 an. Getreu seinem Namen setzt dieser Golf auf den bereits aus dem Rallye-Modell bekannten aufgeladenen 1,8-l-Motor, der auch im GTI G60 160 PS leistet. Servolenkung und Antiblockiersystem gehören zum Serienumfang.

Der Volkswagen-Konzern kann sich in diesem Jahr über insgesamt elf Millionen verkaufte Golfs freuen.

Modelljahr 1990 – GTI G60 & Geländewagen

Neben den gewohnten GTIs mit 107 bzw. 112 und 129 bzw. 139 Pferdestärken (mit oder ohne Katalysator) bietet Volkswagen seinen Kunden in diesem Modelljahr auch den GTI G60 an. Getreu seinem Namen setzt dieser Golf auf den bereits aus dem Rallye-Modell bekannten aufgeladenen 1,8-l-Motor; auch im GTI G60 leistet er 160 PS. Servolenkung und Antiblockiersystem gehören zum Serienumfang, im Gegensatz zum Rallye ist der GTI G60 aber weiterhin ein Fronttriebler. Ein Jahr später ist er auch als syncro zu bestellen, allerdings auf 5.000 Exemplare begrenzt.

Ein weiteres absolutes Novum im Modelljahr 1990 ist ein Golf mit Geländewagen-Ambitionen: Der Softroader hört auf den Beinamen „Country“ und will in der Käuferschicht der Jäger und Forstbediensteten wildern. Der lediglich bis Dezember 1991 produzierte Wagen wird bei der Firma Steyr-Daimler-Puch (heute Magna-Steyr) im österreichischen Graz umgebaut und basiert auf dem viertürigen Golf CL syncro mit dem 98 PS starken 1,8-l-Benziner unter der Haube. Mittels eines Leiterrahmens wird die Karosserie um 18 Zentimeter im Vergleich zur Ausgangsbasis höhergelegt, an der Front ist ein Rammbügel inklusive Unterfahrschutz installiert. Am Heck des Golf II Country thront das geländewagentypische Reserverad. Um in Sachen Antrieb möglichst keine großen Eingriffe vornehmen zu müssen, wird der Motor weiter nach unten versetzt, was den

Ein Novum im Modelljahr 1990 ist der „Golf Country". Der lediglich bis Dezember 1991 produzierte Wagen wird bei der Firma Steyr-Daimler-Puch (heute Magna-Steyr) im österreichischen Graz umgerüstet und basiert auf dem viertürigen Golf CL syncro mit dem 98 PS starken 1,8-l-Benziner unter der Haube. Mittels eines Leiterrahmens wurde die Karosserie um 18 Zentimeter im Vergleich zur Ausgangsbasis höhergelegt, an der Front ist ein Rammbügel inklusive Unterfahrschutz installiert.

Offroadvorteil der vorangegangenen Höherlegung im Vergleich zum Serien-Golf leider wieder auf ein Minimum reduziert. Neben diversen Varianten (etwa dem ausnahmslos in Waldgrün erhältlichen „Golf Country Allround" mit pflegeleichterer Kunstleder-Innenausstattung) gibt es auch ein auf 50 Exemplare limitiertes Exemplar mit GTI-Motor unter der Haube. Diese Sonderedition ist allerdings ausnahmslos VW-Mitarbeitern vorbehalten.

1990 wird der Katalysator bei allen Golf-Modellen zum aufpreislosen Serienstandard. Im November läuft der einmillionste GTI vom Band, 12 Millionen Golfs sind es insgesamt.

Modelljahr 1991 – Edition Blue

Die einzig nennenswerte Neuerung in diesem Modelljahr ist die Möglichkeit der Kunden, ihren GTI G60 optional auch als syncro zu bestellen. Zudem gibt es unter dem Namen „Edition Blue" ein Abschluss-Sondermodell in Moonlightblue-Perleffekt-Lackierung mit besonderen Emblemen, BBS-Leichtmetallrädern, abgedunkelten Rückleuchten, mauritiusblauem Lederinterieur, Sportlenkrad und vielen weiteren Ausstattungsdetails. Von der „Edition Blue" werden 2.100 Fahrzeuge gebaut, die sowohl in Deutschland als auch in der Schweiz und Österreich in den Verkauf gehen. Ebenso verfügbar sind weitere Sondermodelle wie der „Fire & Ice" oder die „Edition One".

Nach 6,3 Millionen produzierten Exemplaren geht die zweite Golf-Generation in Rente.

D
1991

Der Golf – Generation 3

1991 bis 1997

Revolution statt Evolution – insbesondere in optischer Hinsicht: Während sich die Golf-Generationen 1 und 2 in Sachen Design noch deutlich ähnelten, beschreitet Volkswagen mit der dritten Auflage seines Million-Sellers neue Wege.

Im August 1991 präsentiert man in München einen deutlich runderen, mit wesentlich mehr fließenden Formen daherkommenden Golf. Die Karosserie versprüht mehr Dynamik und Eleganz und ist zugleich mit einem c_W-Wert von 0,30 noch aerodynamischer. Insbesondere die Frontansicht unterscheidet sich nun stark vom Vorgängermodell: Sie wird von ovalen Scheinwerfern dominiert, die zugleich für 50 Prozent mehr Leuchtstärke und 20 Prozent mehr Lichtreichweite sorgen. Insgesamt betrachtet wirkt der Golf 3 deutlich größer, obgleich

Insgesamt betrachtet wirkt der Golf 3 deutlich größer, obgleich er lediglich um 3,5 Zentimeter in der Länge, drei Zentimeter in der Breite und einen Zentimeter in der Höhe zulegt. Die neue Karosserieform ist noch aerodynamischer gestaltet, wie der ermittelte c_W-Wert von 0,30 beweist.

Seite 44: 1991 schickt Volkswagen die dritte Generation seines Erfolgsmodells ins Rennen um die Gunst der Käufer. Insgesamt mehr als 4,6 Millionen Exemplare laufen bis zum Ende der Produktionszeit im Jahr 1997 weltweit vom Fließband.

er lediglich um 3,5 Zentimeter in der Länge, drei Zentimeter in der Breite und einen Zentimeter in der Höhe zulegt.

Dies kommt unter anderem dem Innenraum zugute, der mit einem neu gestalteten Cockpit aufwartet, welches nun rechts vom Lenkrad leicht dem Fahrer zugewandt ist. Erneut erfährt die Heizungs- beziehungsweise Belüftungsanlage eine Überarbeitung, der Fahrersitz ist bereits in der Golf-Basisversion per Hand höhenverstellbar und erleichtert so auch kleinen Personen die Rundumsicht im Erfolgsmodell. Natürlich gibt es den Golf weiterhin in Drei- oder Fünftürer-Konfiguration.

Erhältlich ist der Neue zunächst mit sechs verschiedenen Motorvarianten, die weiterhin vorne quer verbaut sind und ihre Kraft über die Vorderachse an

Das neu designte Cockpit ist nun rechts vom Lenkrad leicht dem Fahrer zugewandt.

die Straße weiterleiten. Als Basisantrieb gibt es den Golf als Benziner mit einem 60 PS entwickelnden 1,4-l-Motor (16,7 Sekunden von 0 auf 100 km/h, 157 km/h Top Speed), zwei 1,8-l-Aggregaten mit 75 (14,0 Sekunden und 168 km/h) und 90 Pferdestärken (12,1 Sekunden und 180 km/h), einem 2,0-l-Motor mit 115 PS (11,9 Sekunden und 194 km/h) sowie zwei Dieseln. Letztere Selbstzünder leisten als SDI-Variante (Saugdiesel mit Direkteinspritzung; hier wird durch die Hubbewegung des Kolbens Verbrennungsluft in den Brennraum gesaugt und nicht wie bisher üblich durch den Einsatz von Kompressor oder Turbolader) 64 PS (17,6 Sekunden und 156 km/h) und als Turbodiesel 75 PS (15,1 Sekunden und 165 km/h; alle Angaben von Fahrzeugen mit Schaltgetriebe). Die Kraftübertragung gewährleisten zwei manuelle Getriebeeinheiten mit vier oder fünf Gängen oder eine vierstufige Automatik. Die Möglichkeit zur persönlichen Individualisierung ermöglichen 15 Außenfarben, vom zeitlosen Schwarz oder Tornadorot über Stahlblau- und Montanagrün-Metallic bis hin zum Indianrot- oder Dusty-Mauve-Perleffekt. Ihre Sitze können die Golf-Käufer in eine von zwölf unterschiedlich designten Stoffbezugsvarianten, aber auch Kunst- oder sogar Nappaleder hüllen lassen.

Gerade in Sachen Sicherheit legt Volkswagen bei der neuen Golf-Generation Quantensprünge hin. Als erstes Auto seiner Klasse überzeugt der Dreier beim

Mit dem Modell VR6 präsentieren die Wolfsburger 1991 den weltweit ersten Kompaktwagen der unteren Mittelklasse mit Sechszylindermotor. Das 2,8 Liter fassende Aggregat leistet 174 PS bei 5.800 U/min und entwickelt ein Drehmoment von 240 Newtonmetern bei 4.200 U/min.

Frontal-Crash mit 56 km/h, ebenso beim Seitenaufprall-Test mit 54 Stundenkilometern. Möglich wird dies durch die Installation eines Flankenschutzes in den Türen, verstärkte Türschweller und einen neuen Querträger, der unterhalb des Armaturenbrettes das rechte mit dem linken Seitenteil verbindet und so die Steifigkeit deutlich erhöht. Die Längsträger sind ab sofort in Quetschnaht-Manier geschweißt und bauen so bei einem Zusammenstoß einen Großteil der gefährlichen Energie ab. Um die Gefahren beim Eindringen der Lenksäule in den Fahrgastraum bei einem Frontalzusammenstoß weiter zu minimieren, gibt die Sicherheitslenksäule nun um 50 Prozent mehr nach als beim Golf 2.

Dem immer größer werdenden Aufruf der Massen nach mehr Umweltbewusstsein begegnet Volkswagen bei der Golf-Produktion mit vielerlei Innovationen: So sind alle im Golf verwendeten Kunststoff- und Metallteile nicht nur schneller demontierbar als beim Vorgänger, sondern können nach dem Verschrotten eines Pkws sogar erneut dem Stoffkreislauf hinzugefügt werden. Auf das den Treibhauseffekt fördernde Gas FCKW wird in der Herstellung ebenso verzichtet wie auf umweltbelastende Lösemittel. Alle Kunststoffteile sind ab sofort mit Kennzeichnungen versehen, anhand derer klar ersichtlich ist, welche Stoffe bei der Herstellung verwendet wurden; dies hilft bei der späteren Wiederverwertung.

Der Tank beispielsweise besteht zu 40 Prozent aus recycelten Stoffen, andere Golf-Teile sogar aus bis zu 100 Prozent wiederverwendeten Reststoffen. Eine Milliarde D-Mark fließt in den Aufbau einer neuen Lackiererei im Werk am Heimatstandort Wolfsburg, durch die sich die anfallenden Belastungen für Mensch und Umwelt weiter deutlich reduzieren lassen. Alle Benzinmotoren werden nun serienmäßig mit Katalysator ausgeliefert.

Dank der eingeführten Modulbauweise erzielt Volkswagen erhebliche Qualitäts- sowie Produktivitätszuwächse. Einzelne Fahrzeugteile werden zu vielteiligen Baugruppen zusammengefasst, deren Gesamtmontage bereits auf separaten Fertigungslinien oder direkt beim Zulieferer erfolgt, bevor die Baugruppen dann letztlich das Hauptfließband erreichen.

Ganz abgesehen von der Erfolgsgeschichte des Golf markiert das Jahr 1991 einen Meilenstein in der Entwicklung des VW-Konzerns: Jetzt gehören zur Aktiengesellschaft nicht nur die Marken Volkswagen, Audi und Seat, sondern neuerdings auch der

Der GTI ist weiterhin im Programm, sein 2,0-Liter-Motor leistet als 8-Ventiler 115 Pferdestärken.

Auf der Internationalen Automobil-Ausstellung in Frankfurt zeigt der Volkswagen-Konzern eine wichtige Innovation in Sachen Umweltfreundlichkeit: Im ab sofort erhältlichen Golf TDI findet sich ein turboaufgeladenes Dieselaggregat mit Direkteinspritzung und 90 PS Leistung, das mit einem Verbrauch von unter sechs Litern Kraftstoff auf 100 Kilometern von sich reden macht.

tschechische Hersteller Skoda. Mit der Gründung der „Volkswagen Bratislava spol.s.r.o." erweitern die Verantwortlichen die weltweiten Produktionsstandorte um ein Werk in Osteuropa.

Modelljahr 1991 – Sechszylinder-Power

Kurz nach der eigentlichen Markteinführung wartet Volkswagen ab November des gleichen Jahres mit einer kleinen Sensation auf: Mit dem Modell VR6 präsentieren die Wolfsburger den weltweit ersten Kompaktwagen der unteren Mittelklasse mit Sechszylindermotor. Das 2,8 Liter fassende Aggregat leistet 174 PS bei 5.800 U/min und entwickelt ein Drehmoment von 240 Newtonmetern bei 4.200 U/min. Dieses wurde bis zu diesem Zeitpunkt lediglich in den Modellen Passat und Corrado angeboten. Damit ausgestattet, durchbricht der VR6 die 100-km/h-Schallmauer nach bereits 7,6 Sekunden, bei 225 Stundenkilometern erreicht der Sportler seine Höchstgeschwindigkeit. VR6 sowie der ab Modelljahr 1993 erhältliche GTI 16V verfügen ebenso wie der normale GTI über ein um 15 Millimeter tieferge-

Golf Pink Floyd. Mehr Equipment. Weniger Gage.

Zwei wunderbare Gründe, sich gerade jetzt ein ganz besonderes Live-Erlebnis zu gönnen: den Golf Pink Floyd – einen außergewöhnlichen Golf, der Außergewöhnliches zu bieten hat.

Erstens: mehr Equipment – zum Beispiel Servolenkung, 185er Breitreifen, elektrisches Glas-Schiebe-/Ausstelldach, grüne Wärmeschutzverglasung, Radioanlage „beta", elektronisch verstärkende Dachantenne, höheneinstellbare Lenksäule. Und vieles mehr.

Zweitens: weniger Gage. Denn der Golf Pink Floyd ist ab sofort bereits ab DM 25.400,–* zu haben. Bei Ihrem Volkswagen Partner.

Übrigens, der präsentiert in Kürze auch den Golf Variant Pink Floyd. Live.

Volkswagen – da weiß man, was man hat.

*Unverbindliche Preisempfehlung ab Werk. Zuzüglich Überführungskosten.

Ein absolutes Novum im Modelljahr 1993 ist die Kombiversion auf Basis des Golf. Freunde reichhaltigen Stauraums finden im „Variant“ satte 465 Liter Volumen, die bei umgelegter Rücksitzbank sogar auf bis zu 1.425 Liter anwachsen.

legtes „Plus-Fahrwerk“ mit breiterer Spur, bei dem die Vorderachse durch neue Stabilisatoren, Querlenker, Domlager, Antriebswellen und Radlagergehäuse eine Überarbeitung erfuhr und so störende Einflüsse des kraftvollen Motors auf die Lenkung stark minimiert. Ebenso serienmäßig an Bord ist das „EDS“, eine bis 30 km/h agierende elektronische Differenzialsperre, die es für den 8-Ventil-GTI gegen Aufpreis gibt.

Modelljahr 1992 – Luftsäcke & Rückrufaktion

Ab sofort gibt es den Golf, dessen 13-millionstes Exemplar in diesem Jahr vom Fließband läuft, gegen Aufpreis mit noch mehr Sicherheit. Für 1.200 D-Mark zusätzlich können Fahrer wie Beifahrer in Notfallsituationen auf jeweils einen schützenden Airbag im Lenkrad beziehungsweise im Armaturenbrett zählen.

Ein 1,6-l-Benziner mit 75 PS ergänzt das bestehende Motorenprogramm, zudem wird der Golf mit dem Titel „Auto des Jahres 1992“ belohnt.

Modelljahr 1993 – Volles Programm

Mit gleich sechs Neuigkeiten wartet Volkswagen im Modelljahr 1993 auf. Fans der sportlichen Gangart freuen sich nun auch über den GTI mit 16-Ventiltechnik, der durch seinen Zweilitermotor mit 150 PS Leistung bei 6.000 U/min und 180 Newtonmeter Drehmoment bei 4.800 U/min eine Extraportion Fahrspaß mit sich bringt und die Lücke zwischen 8V-GTI und VR6 schließt. Die Allradversion „syncro“

Als „Ecomatic"-Version erfreut der Golf Spritsparfreunde durch die Tatsache, dass sich sein 64-PS-Dieselmotor bei Ampelstopps oder im Stau automatisch ab- und wieder anschaltet; auch bei Behörden und Firmen ist das Modell im Einsatz.

Die Allradversion „syncro" befriedigt erneut den Kundenwunsch nach zusätzlicher Traktion auf unbefestigten Wegen oder bei Schnee und Eis.

befriedigt erneut den Kundenwunsch nach zusätzlicher Traktion auf unbefestigten Wegen oder bei Schnee und Eis, der „ecomatic" erfreut Spritsparfreunde durch die Tatsache, dass sich sein 64-PS-Dieselmotor bei Ampelstopps oder im Stau automatisch ab- und natürlich auch wieder anschaltet – eine Technologie, der erst heute wieder vermehrt Beachtung geschenkt wird.

Nach nunmehr 14 Jahren in Produktion erfolgt endlich die Wachablösung für die Cabrio-Version des Golf, die seit 1979 noch immer auf der ersten Generation des Million-Sellers basiert. Keine leichte Aufgabe, war doch der offene Einser mit 388.600 Exemplaren das meistverkaufte Cabriolet der Welt. Wie gewohnt verfügt auch der Neue über den zusätzliche Sicherheit gewährleistenden Überrollbügel, seine Motorenpalette reicht von 75 über 90 bis 115 PS. Der Neuling wird, wie schon sein Vorgänger, beim Karosseriespezialisten Karmann in Osnabrück gefertigt, ab Frühjahr 1996 zusätzlich im Volkswagen-Werk im mexikanischen Puebla.

Ein absolutes Novum dieses Modelljahres ist die Kombiversion auf Basis des Golf III. Freunde reichhaltigen Stauraums finden im „Variant" satte 465 Liter Volumen, die bei umgelegter Rücksitzbank sogar auf bis zu 1.425 Liter anwachsen. Als Antrieb stehen alle Motorversionen zur Verfügung, inklusive Allradantrieb.

Auf der Internationalen Automobil-Ausstellung in Frankfurt zeigt der Volkswagen-Konzern eine wichtige Innovation in Sachen Umweltfreundlichkeit: Im ab sofort erhältlichen Golf TDI findet sich

Ab Oktober 1994 nimmt Volkswagen eine weitere VR6-Variante ins Programm auf: Der laufruhige Sechszylinder leistet nun wahlweise auch 190 PS und 245 Newtonmeter Drehmoment, wobei diese Version lediglich mit Allradantrieb zu erwerben ist.

Die Stoßfänger sind ab dem Modelljahr 1995 komplett in Wagenfarbe lackiert. Airbags für Fahrer und Beifahrer gehören nun zum Serienumfang.

Pünktlich zum 20-jährigen Jubiläum des Modells GTI präsentiert Volkswagen ein Sondermodell des sportlichen Golf-Ablegers, das in vielerlei Details an die Urversion aus dem Modelljahr 1976 erinnert. Neben dem gewohnten Benzinmotor ist der „20 Jahre GTI" auch mit dem neuen 1,9-l-TDI (110 PS) erhältlich, den es aber auch in den Normalmodellen zu bestellen gibt.

ein turboaufgeladenes Dieselaggregat mit Direkteinspritzung und 90 PS Leistung, das mit einem Verbrauch von unter sechs Litern Kraftstoff auf 100 Kilometer von sich reden macht.

Im März produziert Volkswagen das 14-millionste Exemplar des Golf.

Modelljahr 1994 – Motor-Updates

Weltweit werden im Modelljahr 1994 pro Tag (!) insgesamt 3.927 Fahrzeuge produziert, wobei über 50 Prozent in der Heimat Wolfsburg vom Band laufen, der Rest an Standorten wie Brüssel, Puebla oder auch Bratislava, wo man ab sofort ebenfalls Golfs fertigt.

Ab Oktober nimmt Volkswagen eine weitere VR6-Variante ins Programm auf: Mit minimal mehr Hubraum (2.861 ccm anstatt 2.792 ccm) leistet der laufruhige Sechszylinder nun wahlweise auch 190 PS und 245 Newtonmeter Drehmoment, wobei ebenjene Version lediglich mit Allradantrieb zu erwerben ist. Ebenso zu kaufen gibt es den Golf ab sofort mit einem 1,6-l-Benziner-Aggregat mit 100 PS. Eine elektronische Wegfahrsperre und ein Drehzahlmesser gehören ab Oktober zum Serienumfang.

Im Mai wird der 15-millionste Golf gefertigt.

Modelljahr 1995 – Aufwertung & neuer Motor

Die Airbags für Fahrer und Beifahrer sind nicht mehr aufpreispflichtig, sondern gehören zum Serienumfang. Ebenso sind die Stoßfänger nun komplett in Wagenfarbe lackiert. Des Weiteren ist ab September ein Saugdiesel mit sequentieller Direkteinspritzung und 64 PS Leistung im Golf bestellbar.

Modelljahr 1996 – 20 Jahre GTI

Pünktlich zum 20-jährigen Jubiläum des Modells GTI präsentiert Volkswagen ein Sondermodell des sportlichen Golf-Ablegers, das in vielerlei Details an die Urversion aus dem Modelljahr 1976 erinnert. Rot abgesetzte Interieurdetails inklusive Sicherheitsgurten, einem Lederschaltsack und Handbremsgriff mit roten Nähten, dem typischen Schaltknauf im Golfballdesign, roten Zierleisten an den Stoßfängern und 16"-Aluminiumfelgen aus dem Hause BBS weisen das Editionsmodell als ganz besonderen GTI-Vertreter aus. Neben dem gewohnten Benzinmotor ist der „20 Jahre GTI" auch mit dem neuen 1,9-l-TDI (110 PS) erhältlich, den es aber auch in den Normalmodellen zu bestellen gibt.

Die Ausstattungsvarianten CL und GL heißen ab sofort „Trendline" und „Comfortline" (in Einstimmung auf den Golf 4), ein Antiblockiersystem ist nun bei allen Modellen Serie. Kunden können ihren Golf gegen Aufpreis mit Seitenairbags ausstatten.

Der 17-millionste Golf rollt im November vom Fließband.

Modelljahr 1997

Nach sieben Modelljahren und insgesamt mehr als 4.805.900 gefertigten Wagen endet der Produktionszeitraum der dritten Golf-Generation in Westeuropa.

Nach nunmehr 14 Jahren in Produktion erfolgt 1993 endlich die Wachablösung für die Cabrio-Version des Golf, die seit 1979 noch immer auf der ersten Generation des Million-Sellers basiert. Wie gewohnt verfügt auch der Neue über den zusätzliche Sicherheit gewährleistenden Überrollbügel, seine Motorenpalette reicht von 75 über 90 bis 115 PS. Gefertigt wird er wie gewohnt beim Karosseriespezialisten Karmann in Osnabrück, ab Frühjahr 1996 zusätzlich im Volkswagen-Werk im mexikanischen Puebla.

JOKER

Der Öffentlichkeit präsentiert wird die vierte Generation im August 1997 im nordrhein-westfälischen Bonn. Mit 4,15 Metern Länge, 1,73 Metern Breite und 1,44 Metern Höhe legt der Golf 4 in jederlei Dimension deutlich im Vergleich zu seinem Vorgänger zu.

Der Golf – Generation 4

1997 bis 2003

Auch in seiner bereits vierten Generation ist der Golf weiterhin auf der Überholspur. Insbesondere der 25. Juni 2002 markiert dabei einen ganz besonderen Tag in seinem Werdegang: An ebenjenem Dienstag läuft das 21.517.415. Exemplar vom Band und macht den Golf so zum meistgebauten Volkswagen aller Zeiten. Ja, selbst am Nachkriegswirtschaftsmotor Käfer zieht der mittlerweile seit 28 Jahren in Produktion befindliche Tausendsassa nun vorbei. Der „historische Golf" wird von einem Kunden aus Hamburg in „Highline"-Ausstattung mit V5-Motor bestellt, ist reflexsilber-metallic lackiert und unter anderem mit Klimaanlage und Parkdistanzkontrolle ausgestattet.

Dank noch fließender in den gesamten Karosserieverlauf eingearbeiteter Glasflächen und Stoßfänger sowie einer stärker geneigten Windschutzscheibe erreicht der Neuling einen Luftwiderstandswert von 0,31.

Zur Zeit seines Produktionsrekordes fertigt der Volkswagen-Konzern insgesamt 3.600 Fahrzeuge pro Tag an den Standorten Wolfsburg, Mosel, Brüssel, Bratislava und im brasilianischen Curitiba, rund 40.000 Menschen arbeiten an der Herstellung des Volumenmodelles. Letzteres kann mit der Produktionsumstellung auf die vierte Generation noch weiter optimiert werden und so durch noch geringere Spaltmaße und noch bessere Passgenauigkeit überzeugen. Das Dach des Golf wird innerhalb von lediglich zehn Sekunden mithilfe moderner Computer- und Robotersysteme mit einer perfekten Laserschweißnaht installiert.

Der Öffentlichkeit präsentiert wird die vierte Generation im August 1997 im nordrhein-westfälischen Bonn. Mit 4,15 Metern Länge, 1,73 Metern Breite und 1,44 Metern Höhe legt der neue Golf in jederlei Dimension deutlich im Vergleich zu seinem Vorgänger zu und weist keine technischen Gemeinsamkeiten mehr mit ihm auf. Ab sofort ist die Karosserie serienmäßig vollverzinkt, Volkswagen unterstreicht die Wertigkeit seines Million-Sellers mit einer Kundengarantie gegen Durchrostung für satte zwölf Jahre.

Das Blechkleid gibt sich glatt und schnörkellos, die eher auffälligen Seitenprallleisten des Vorgängers an den Türen ersetzt man durch dezente Streifen, die auf Wunsch und je nach Ausstattungslinie sogar in Wagenfarbe lackiert sind. Die Scheinwerferform erinnert an den Golf 3, allerdings sind die Leuchteinheiten nun in Klarglasoptik ausgearbeitet und beinhalten optional sogar die sonst ausgelager-

GOLF
D 1997

Als allgegenwärtige GTI-Version kommt der Golf-Sportler nicht nur mit BBS-Leichtmetallrädern auf 205/55er Breitreifen, Grautönung im oberen Teil der Windschutzscheibe, Recaro-Sportsitzen, Leder an Handbremshebel und Lenkrad, schwarzen Holzeinlagen, Sportfahrwerk und abgedunkelten Heckleuchten daher, sondern außerdem wahlweise mit einem turbogeladenen 1,8-l-Benziner mit 150 PS, einem 1,9-l-TDI mit 110 PS oder dem brandneuen Fünfzylindermotor mit 2,3 Litern Hubraum und ebenfalls 150 PS.

ten Nebelleuchten und Blinker. Dank noch fließender in den gesamten Karosserieverlauf eingearbeiteter Glasflächen und Stoßfänger sowie einer stärker geneigten Windschutzscheibe erreicht der Neuling einen Luftwiderstandswert von 0,31.

Technisch überzeugt der Vierer seine Kunden durch die umfangreiche Serienausstattung, die unter anderem eine Servolenkung, ein Antiblockiersystem mit elektronischer Bremskraftverteilung (die Bremskraft an der Hinterachse wird automatisch so gewählt, dass deren Räder nicht überbremsen können), Scheibenbremsen an beiden Achsen, Gurtstraffer für die vorderen Passagiere und sogar vier Airbags (zwei im Armaturenbrett, zwei in den Sitzseiten) umfasst. Um die Diebstahlgefahr zu minimieren, installierten die Volkswagen-Ingenieure serienmäßig eine Wegfahrsperre (ab Januar 1998 vom Gesetzgeber bei Neufahrzeugen vorgeschrieben), freilaufende Schließzylinder in den Türen und das obligatorische Lenkradschloss.

Unterteilt hat man die Ausstattung des Golf nun in die drei Varianten „Comfortline“, „Trendline“ und „Highline“. Die „Comfortline“ verfügt bereits über zwei höhenverstellbare Vordersitze, die zudem eine „Easy-Entry“-Funktion besitzen (beim Zurückklappen gleiten und klappen sie automatisch in die vorderste Position auf der Sitzschiene und erleichtern so den Einstieg in den Fond). Elektrische Fensterheber vorne sind ebenso mit an Bord wie elektrisch einstellbare Außenspiegel und die Mittelarmlehnen mit Ablagebox und Becherhalter sowie eine Zentralverriegelung.

In der „Trendline“-Version umfasst die Ausstattung zusätzlich abgedunkelte Heck- und seitliche Blinkleuchten, Radkappen im 20-Strahlen-Design und breitere Reifen. Hinzu kommen Sportsitze

Ab Start der Generation 4 ist die Ausstattung des Golf in die drei Varianten „Comfortline“, „Trendline“ und „Highline“ unterteilt. Bereits in der Basisversion verfügt er über zwei höhenverstellbare Vordersitze, elektrische Fensterheber vorne und elektrisch einstellbare Außenspiegel.

Die Karosserie des Golf 4 ist serienmäßig vollverzinkt, Volkswagen unterstreicht die Wertigkeit seines Million-Sellers mit einer Kundengarantie gegen Durchrostung für satte zwölf Jahre.

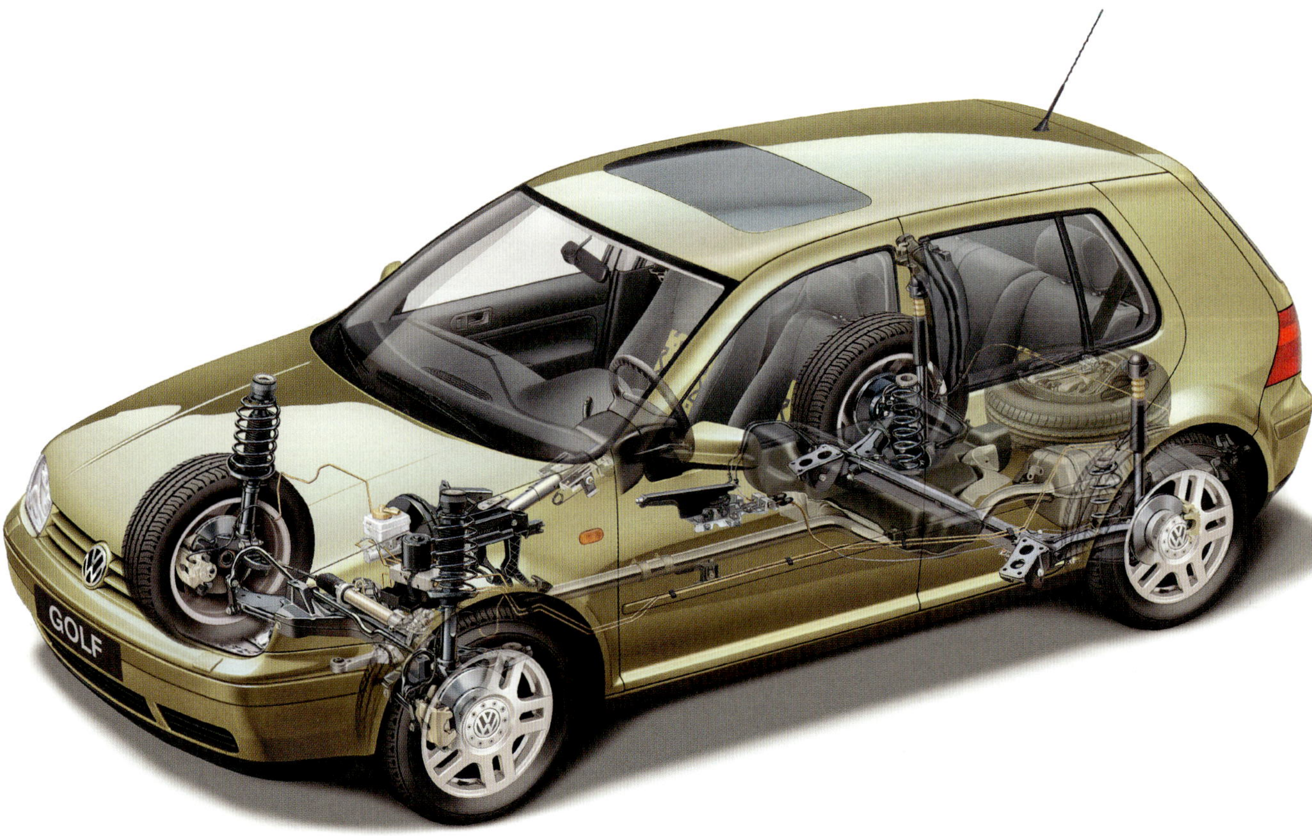

Seite 68: Ab dem Modelljahr 1998 ist eine Golf-Version mit Allradantrieb erhältlich, die auf den schmucken Beinamen „4Motion" hört und die Energie über eine Haldex-Kupplung zusätzlich an die Hinterachse weiterleitet.

Gurtstraffer für die vorderen Passagiere und vier Airbags (zwei im Armaturenbrett, zwei in den Sitzseiten) gehören in der vierten Generation zum Serienumfang.

vorne und Farbakzente an den Seitenverkleidungen, den Fußmatten und der Rücksitzbank. Ablagetaschen an den Rückseiten der Sitzlehnen und zwei zusätzliche Becherhalter komplettieren das Angebot.

Das obere Ende der Kunden-Wunschliste wird durch den „Highline"-Golf befriedigt: Am sportlichen Dreispeichen-Lenkrad findet sich ebenso hochwertiges Leder wie am Handbremsgriff oder Schalthebel. Leichtmetallräder im „Avus"-Design gehören genauso dazu wie die Radioanlage „Beta" mit vier Lautsprechern oder das elektrische Glasschiebe-/Hubdach mit sicherem Einklemmschutz.

Natürlich bietet die vierte Golf-Generation aber auch noch weiteren Raum zur Individualisierung: So können die Kunden aus insgesamt drei Radiosystemen wählen, ein Sechsfach-CD-Wechsler ist ebenfalls gegen Aufpreis erhältlich. Vielbeschäftigte können durch ein simples Kreuz auf der Optionsliste ein D-Netz-Autotelefon für die Mittelkonsole oder das hilfreiche Navigationssystem mit Kartendarstellung auf dem großen Bildschirm im Armaturenbrett und Piktogrammen im mittig zwischen den nun blau beleuchteten Instrumenteneinheiten platzierten Display ordern. Im „Komfortpaket Sicherheit" verfügt der mittlere Fondsitz über eine zusätzliche Kopfstütze und einen vollwertigen Dreipunktanstelle des Beckengurtes. Das „Winterpaket" umfasst eine Sitzheizung für Fahrer- und Beifahrer, eine Scheinwerfer-Reinigungsanlage und beheizbare Waschdüsen vorn sowie eine Waschwasser-Anzeige. Mit dem „Technikpaket" kommt der Golf zudem mit einer Alarmanlage, einer Fernbedienung für die Zentralverriegelung mitsamt zwei Klappschlüsseln und einem Bordcomputer daher, der über Verbrauch, Uhrzeit, Außentemperatur, Fahrzeit und weitere Details informiert. Das Fahren auf langen Wegstrecken erleichtert der optionale Tempomat, den kühlen Kopf im Sommer und beschlagfreie Scheiben im Winter gewährleisten die bestellbare Klimaanlage oder die vollelektronische Climatronic, bei der die gewünschte Temperatur auf einem Display vorgewählt wird. Wohnwagenfreunden begegnet der neue Golf wahlweise mit einer Anhängerkupplung, die Volkswagen-Dachgepäckträger-Box hilft mit bis zu 300 Litern Volumen während der Urlaubsreise. Insgesamt 15 Außenfarben, vom Uni-Schwarz über ein Cosmicgreen-Metallic bis hin zum Jazzblue-Perleffekt, stehen im Premierenjahr zur Wahl.

Zum Modelljahr 1999 nimmt Volkswagen einen V6 mit 2,8 Litern Hubraum in die Motorenpalette auf, dessen Leistung mit 204 PS und dem Allradantrieb „4Motion" ein Garant für Fahrspaß ist.

Modelljahr 1997 – Fünfzylinder-Kraft

Mit acht unterschiedlichen Motoren – fünf Benzinern und drei Dieseln – bietet der Kompakte für jedermann und -frau die perfekte Möglichkeit zur Antriebsindividualisierung. Den Einstieg in die Golf-Klasse ermöglicht das komplett aus Aluminium gefertigte 1,4-l-Aggregat mit seinen 75 PS (171 km/h Höchstgeschwindigkeit und 6,4 Liter Verbrauch, zudem erfüllt es die Euro-3-Abgasnorm), mit 0,2 Litern Hubraum mehr versehen leistet der Vierzylinder bereits 100 Pferdestärken. Als allgegenwärtige GTI-Version (jetzt allerdings zur Ausstattungslinie degradiert) kommt der Golf-Sportler nicht nur mit BBS-Leichtmetallrädern auf 205/55er Breitreifen, Grautönung im oberen Teil der Windschutzscheibe, Recaro-Sportsitzen, Leder an Handbremshebel oder

Am Heck des 1998er Cabrios verlegt man das hintere Nummernschild vom Kofferraumdeckel an die Stoßstange, um es auch – zumindest leicht – dem Neuling anzupassen. Angetrieben wird das Cabriolet wahlweise von vier unterschiedlichen Benzinmotoren (1,6 l mit 100 PS, 1,8 l mit 75 PS, 1,8 l mit 90 PS und 2,0 l mit 115 PS) und zwei Dieselaggregaten mit 1,9 Litern Hubraum und wahlweise 90 oder 115 PS.

Lenkrad, schwarzen Holzeinlagen, Sportfahrwerk oder abgedunkelten Heckleuchten daher, sondern ebenso wahlweise mit einem turbogeladenen 1,8-l-Benziner mit 150 PS, einem 1,9-l-TDI mit 110 PS (4,9 Liter Verbrauch auf 100 km) oder dem brandneuen Fünfzylindermotor mit 2,3 Litern Hubraum und ebenfalls 150 PS, der sich erst bei 216 km/h Spitze dem Windwiderstand beugen muss. Zwei weitere Selbstzünder mit Direkteinspritzung und 1,9 Litern Hubraum leisten 68 und 90 PS, ein zweiter 1,8-l-Benziner auch 125 Pferdestärken. Die Kraftübertragung an die Vorderachse gewährleisten ein Fünfgang-Schaltgetriebe oder die aufpreispflichtige Automatik mit vier Stufen.

Modelljahr 1998 – Cabrio-Traum & Allrad-Golf

Bereits sechs Monate nach Einführung der neuesten Generation zeigt Volkswagen die offene Version seines Erfolgsmodells. Allerdings basiert dieses nicht auf dem Golf 4, sondern tritt lediglich als gründlich überarbeitetes Vormodell in Erscheinung. Am deutlichsten erkennbar ist dieses Facelift an der Front, die von nun an die Züge des Vierers trägt. Zugleich verlegt man das hintere Nummernschild vom Kofferraumdeckel an die Stoßstange, um auch das Heck – zumindest leicht – dem Neuling anzupassen. Im Innenraum erstrahlen die Instrumente nun durch eine blaue Beleuchtung, und auch das Lenkrad stammt aus Golf-Generation Nummer 4. Angetrieben wird das Cabriolet wahlweise von vier unterschiedlichen Benzinmotoren (1,6 l mit 100 PS, 1,8 l

„Stell dir mal vor, den Golf gibt's jetzt schon seit 25 Jahren."
„Und was haben die Leute vorher gefahren?"
• Gute Frage. Schließlich sind bereits einige Generationen mit dem Golf großgeworden. Deshalb gibt es jetzt passend zum 25jährigen Geburtstag auch einen ganz besonderen Golf: das Sondermodell Golf Generation. Und das mit einer mehr als umfangreichen Ausstattung – wie zum Beispiel praktischer Zentralverriegelung, elektrischen Fensterhebern, manueller Klimaanlage, soundstarker Radioanlage „beta" sowie exklusiven Leichtmetallrädern. Natürlich alles serienmäßig.
Übrigens: Der nächste Golf Generation kommt so schnell nicht wieder. Also nicht lange warten, sondern flugs zu Ihrem Volkswagen Partner.
Generation Golf
Der neue Golf Generation

1999 debütiert die Kombiversion auf Basis des Golf 4, die wie schon vom Dreier gewohnt mit zusätzlich nutzbarem Stauraum aufwartet und so nicht nur bei Familien mit Kindern, sondern ebenso als Geschäftswagen guten Anklang findet.

mit 75 PS, 1,8 l mit 90 PS und 2,0 l mit 115 PS) und zwei Dieselaggregaten mit 1,9 Litern Hubraum und wahlweise 90 oder 115 PS.

Ebenfalls ab diesem Modelljahr erhältlich ist eine Golf-Variante mit Allradantrieb, die auf den schmucken Beinamen „4Motion" hört. Über eine Haldex-Kupplung wird hier die Energie zusätzlich an die Hinterachse weitergeleitet, was dem Golf insbesondere bei Eis und Schnee einen klaren Bodenkontaktvorteil verschafft.

Modelljahr 1999 – Jubiläum & Kombi

Pünktlich zum 25. Jubiläum des Golf rollt im Jahr 1999 der 19-millionste Wagen vom Fließband. Das Feierjahr zelebriert man unter anderem mit dem Sondermodell „Generation", das mit einer üppigen Ausstattung aufwartet. Unter anderem sind am Jubiläumsmodell Seitenleisten, Türgriffe und die kompletten Stoßfänger in Wagenfarbe lackiert, zudem steht es auf 16"-Leichtmetallfelgen mit 205er Reifen.

Ebenso im Jahr 1999 debütiert die Kombiversion auf Basis der aktuellen Generation, die wie schon vom Dreier gewohnt mit zusätzlich nutzbarem Stauraum aufwartet und so nicht nur bei Familien mit Kindern, sondern ebenso als Geschäftswagen guten Anklang findet.

Ein 2,8-l-V6 mit nun 204 PS Leistung wird ebenso in die Serienproduktion eingebracht wie das elektronische Stabilitätsprogramm ESP, das nun bei allen Golfs zur Grundausstattung gehört. Als Golf 4Motion mit V6 unter der Haube verfügt der Allradler ab sofort über ein Schaltgetriebe mit sechs Gängen, welches ebenso in anderen Golf-Versionen zu bestellen ist.

Bei den Turbodieselmotoren setzt Volkswagen auf die neue „Pumpe-Düse"-Technologie, bei der ein höherer Kraftstoff-Einspritzdruck unter anderem für eine geringere Bildung von Ruß sorgt und zugleich den Verbrauch senkt.

Neben Wolfsburg, Brüssel, Mosel, Uitenhage und Bratislava wird der Golf auch weiterhin im brasilianischen Curitiba gefertigt.

GTI
WOB CL 140

ESP

Die größte Neuigkeit im Modelljahr 2001 lautet „25 Jahre GTI". Das Sondermodell unterscheidet sich vom gewohnten Sportler durch ein eigenständiges Spoilerpaket mit neu gestaltetem Frontspoiler, Seitenschwellern und einem Heckspoiler an der Dachkante, außerdem trägt der Jubi-GTI abgedunkelte Frontscheinwerfer und polierte 18-zöllige BBS-Leichtmetallräder. Der 1,8-l-Benziner mit seinen 20 Ventilen leistet im Sondermodell zusätzliche 30 Pferdestärken, was nunmehr satte 180 PS bedeutet. Auch im Innenraum weisen spezielle Details auf den ganz besonderen GTI hin.

Modelljahr 2000 – Neue Diesel braucht das Land

Gleich zwei neue Motoren in Selbstzündermanier und Pumpe-Düse-Technik, beide mit 1.896 ccm Hubraum, bereichern das Produktportfolio im Modelljahr 2000. Auf der einen Seite handelt es sich dabei um einen Diesel mit 100 PS und 240 Newtonmetern Drehmoment, auf der anderen Seite bildet ein 150 PS / 320 Newtonmeter-Aggregat das sofortige Diesel-Topmodell.

Freunde des V5-Motors können sich ab sofort über einen Leistungszuwachs von 20 PS freuen, 170 Pferde bringt der nun mit 20 anstatt 10 Ein- und Auslassventilen versehene 2,3-l-Fünfzylinder auf die Straße. Zugleich ersetzt man den 1,6-l-Achtventiler mit 100 PS gegen eine Variante mit gleichem Hubraum, aber 105 PS und 16 Ventilen. Der 1,8-l-Benziner mit 125 PS wird ersatzlos gestrichen.

Modelljahr 2001 – Jubi-GTI & neuer TDI

Die größte Neuigkeit im Modelljahr 2001 lautet „25 Jahre GTI". Das Sondermodell unterscheidet sich vom gewohnten Sportler durch ein eigenständiges Spoilerpaket mit neu gestaltetem Frontspoiler, Seitenschwellern und einem Heckspoiler an der Dachkante, außerdem trägt der Jubi-GTI abgedunkelte Frontscheinwerfer und polierte 18-zöllige BBS-Leichtmetallräder. Der 1,8-l-Benziner mit seinen 20 Ventilen leistet im Sondermodell zusätzliche 30 Pferdestärken, was nunmehr satte 180 PS bedeutet. Auch im Innenraum weisen spezielle Details auf den ganz besonderen GTI hin, der endlich wieder ein echter GTI sein darf.

Der sich seit Jahren im Programm befindliche 1,9-l-TDI mit 115 PS wird durch eine Variante mit nunmehr 130 PS ersetzt, der 100-PS-Selbstzünder erfüllt ab sofort die Euro4-Abgasnorm und ein elektronischer Bremsassistent gehört nun zum Serienumfang.

Im Dezember 2001 erfolgt die Produktionseinstellung des Golf Cabriolets, das bis zu diesem Zeitpunkt bei Karmann in Osnabrück vom Band läuft.

GTI
RECARO
GTI
RECARO

To avoid damage to
catalytic converter oil must
not exceed maximum mark
R32
Bei Ölüberfüllung besteht
Gefahr für den Katalysator.
OVERFILLED ENGINE OIL CAN DAMAGE
CATALYST.
Remplissage excessif d'huile
dangereux pour le catalyseur.
Hochspannung , vor Berühren der
Zündanlage Motor abstellen.
HIGH VOLTAGE, SWITCH OFF
701 010 081
1J0 010 212
R134a

Zum Modelljahr 2002 schickt Volkswagen den bis zu diesem Zeitpunkt stärksten frei bestellbaren Serien-Golf aller Zeiten ins Rennen um die Gunst der Käufer – den R32.

Modelljahr 2002 – Der stärkste Golf aller Zeiten

Ab diesem Jahr verfügt der GTI serienmäßig über 180 PS Leistung, wie man sie zunächst im Vorjahr im Rahmen des Sondermodells „25 Jahre GTI" verfügbar gemacht hat. Kopfairbags gehören neben den bereits in jedem Golf-Modell verbauten lebensrettenden Seiten- und Front-Luftsäcken nun ebenfalls zur Standardausstattung, der erste Benzinmotor mit 1,6 Litern Hubraum, Kraftstoff-Direkteinspritzung („FSI") und 110 PS bereichert die Antriebspalette. Ein wahres Highlight in Letzterer ist die Einführung des bis zu diesem Zeitpunkt stärksten frei bestellbaren Serien-Golf aller Zeiten – des R32. Er war von seinen Entwicklern zunächst als Kleinserie mit 5.000 Exemplaren geplant und verkauft worden, geht aufgrund der großen Nachfrage aber ab sofort in die Großserie über. In Anlehnung an die konzerneigene Rennabteilung „Volkswagen Racing" steht das „R" im Modellnamen für „Racing", die Zahl für den Hubraum des verbauten Sechszylinder-Aggregates von 3,2 Litern. Dieses verfügt über eine Leistung von 241 PS und entwickelt ein Drehmoment von potenten 320 Newtonmetern, pro Zylinder kümmern sich vier Ventile um das Be- und Entleeren desselben. Die 100-km/h-Grenze durchbricht der R32 in gerade ein-

In Anlehnung an die konzerneigene Rennabteilung „Volkswagen Racing“ steht das „R“ im Modellnamen für „Racing“, die Zahl für den Hubraum des verbauten Sechszylinder-Aggregates von 3,2 Litern.

Seite 80: Der R32-Motor leistet 241 PS und entwickelt ein Drehmoment von potenten 320 Newtonmetern, pro Zylinder kümmern sich vier Ventile um das Be- und Entleeren der Zylinder. Die 100-km/h-Grenze durchbricht der Bolide in gerade einmal 6,6 Sekunden, Schluss mit der Beschleunigungsorgie ist bei 247 Stundenkilometern.

mal 6,6 Sekunden, Schluss mit der Beschleunigungsorgie ist bei 247 Stundenkilometern. Unter dem Blech verfügt der Bolide über den 4Motion-Allradantrieb und ein Sechsgang-Schaltgetriebe, gegen Aufpreis ist ab dem kommenden Modelljahr auch das neu entwickelte Doppelkupplungsgetriebe „DSG“ zu bestellen. Das R32-Fahrwerk liegt zwei Zentimeter tiefer als beim normalen Golf, 18"-Leichtmetallfelgen mit 225er Reifen bemühen sich um die Traktion. Optisch unterscheidet sich der R32 zudem durch einen geänderten Stoßfänger mit drei großen Lufteinlässen an der Front und zwei große Auspuffrohre im Heckbereich. Die speziellen Sportsitze mit ihren integrierten Kopfstützen halten auch bei extremen Kurvenfahrten genügend Seitenhalt parat.

Der Golf 4 Variant ist alternativ zu den herkömmlichen Antriebsarten im Modelljahr 2002 in Kombination mit dem 115-PS-2,0-l-Benziner auch als „Bi-Fuel“-Version mit umschaltbarem Erdgasantrieb zu bestellen. Der Ladeboden des Kombis ist höher als gewohnt, darunter verbergen sich gleich zwei Erdgastanks mit insgesamt 86 Litern Volumen.

Rechts: Mit dem „GT Sport“ bedient Volkswagen im Modelljahr 2003 die sich nach Sportlichkeit sehnende Käuferklientel. Das Sondermodell rollt auf 17“-Leichtmetallfelgen mit 225er Reifen; Kühlergrill, Türgriffe und die Außenspiegelgehäuse sind in die Wagenfarbe gehüllt. Außer mit abgedunkelten Rückleuchten und Nebelscheinwerfern ist das Modell mit Wärmeschutzverglasung sowie Colorstreifen in der Windschutzscheibe aufgewertet. Das Interieur des „GT Sport“ wartet mit Sportsitzen, Lederapplikationen und Chromzierringen an den Instrumenten auf, die Wohlfühlausstattung umfasst unter anderem eine „Climatronic“-Klimaanlage, einen Regensensor, einen automatisch abblendenden Innenspiegel und eine Alarmanlage mit Wegfahrsperre. Erhältlich ist der „GT Sport“ ausnahmslos in den Außenfarben Schwarz, Reflexsilber, Black Magic Perleffekt, Blue Anthrazit Perleffekt, Oceanicgrün Perleffekt und – wie auf dem Foto zu sehen – Stonehenge Grey Metallic.

Modelljahr 2003 – Sondermodelle zum Produktionsabschluss

Mit dem „GT Sport“ bedient Volkswagen erneut die nach Sportlichkeit zehrende Käuferklientel. Das Sondermodell rollt auf 17"-Leichtmetallfelgen mit 225er Reifen, Kühlergrill sowie Türgriffe sind in der Wagenfarbe lackiert. Außer mit abgedunkelten Rückleuchten und Nebelscheinwerfern ist das Modell mit Wärmeschutzverglasung sowie Colorstreifen in der Windschutzscheibe aufgewertet. Das Interieur des „GT Sport“ wartet mit Sportsitzen, Lederapplikationen und Chromzierringen an den Instrumenten auf, die Wohlfühlausstattung umfasst unter anderem eine „Climatronic“-Klimaanlage, einen Regensensor, einen automatisch abblendenden Innenspiegel, das „Beta“-Radiosystem, elektrisch einstell- und beheizbare Außenspiegel sowie eine Alarmanlage mit Wegfahrsperre. Erhältlich ist der „GT Sport“ ausnahmslos in den Außenfarben Schwarz, Reflexsilber, Stonehenge Grey Metallic, Black Magic Perleffekt, Blue Anthrazit Perleffekt und Oceanicgrün Perleffekt.

Der „Edition“ ist ausnahmslos auf Basis des viertürigen Golf zu erwerben, besitzt komplett in Wagenfarbe lackierte Stoßfänger, Heckleuchten mit einem weißen Blinkereinsatz, Nebelscheinwerfer und schwarze Seitenschutzleisten. Die Funktionsausstattung kommt mit einer Climatronic, einer Zentralverriegelung mit Fernbedienung, einer Alarmanlage, der Radioanlage „Beta“ und weiteren Details daher und bietet so einen Preisvorteil gegenüber einem gleichwertig ausgestatteten Normalmodell von über 3.000 Euro.

Der Golf 4 Variant wird noch bis Ende Mai des Jahres 2006 parallel zur fünften Generation des Golf weitergebaut.

Nach rund 4,3 Millionen gefertigten Exemplaren endet der Lebenszyklus des Golf 4.

Unter dem Blech verfügt der Bolide über den „4Motion"-Allradantrieb und ein Sechsgang-Schaltgetriebe, gegen Aufpreis ist ab dem Modelljahr 2003 auch das neu entwickelte Doppelkupplungsgetriebe „DSG" zu bestellen.

1974
1983
1991

Der Golf – Generation 5

2003 bis 2008

Mit einem Lebenszyklus von gerade einmal sechs Jahren ist die fünfte Generation des Golf-Erfolgsmodells die bis dato am kürzesten produzierte Baureihe. Nichtsdestotrotz kann auch sie als voller Erfolg verbucht werden. Zudem kann Volkswagen in Generation 5 auch erneut ein rundes Jubiläum feiern: die Fertigung und Auslieferung des 25-millionsten Golf am 23. März 2007. Bei diesem ganz besonderen Wagen handelt es sich um einen tornadoroten Viertürer in Sportline-Ausstattung, angetrieben vom 1,4-l-TSI-Vierzylinder mit 140 Pferdestärken und dem Doppelkupplungsgetriebe DSG. Ebenso zelebriert der Konzern die „Große Golf-Show" am 3. Juni des gleichen Jahres vor 30.000 Zuschauern in der Volkswagen Arena in Wolfsburg. Die Veranstaltung, bei der das Publikum eine Zeitreise durch die letzten 33 Jahre Musik- sowie Golf-Geschichte erlebt, wird von

Endmontage des Golf 5 R32 im VW-Werk am Stammsitz Wolfsburg.

Thomas Gottschalk moderiert, zudem geben beim über zwei Stunden langen Programm Stars aus aller Welt wie Peter Maffay, Paul Young, Bonnie Tyler, Paul Carrack („Mike & the Mechanics“) und Chris de Burgh ihre größten Musikklassiker zum Besten.

Um seinen wichtigsten städtischen Exportartikel zu unterstützen (allein 15 Millionen Golfs aller Generationen wurden in den letzten Jahrzehnten im Werk Wolfsburg hergestellt), benennt sich Wolfsburg während der Markteinführungsphase der fünften Generation im Jahr 2003 offiziell in „Golfsburg“ um. Am 25. August zeigt man die aktuelle Weiterentwicklung der internationalen Presse, am 9. September folgt die Publikumspräsentation im Rahmen der Internationalen Automobil-Ausstellung in Frankfurt am Main. Am 17. Oktober geht der neue Golf offiziell in den Verkauf bei den VW-Händlern.

Das am Mittellandkanal gelegene Werksgelände umfasst eine Fläche von über sechs Quadratkilometern, das Straßennetz misst über 75 Kilometer Asphalt. Hinzu kommen über 70 Kilometer Schienennetz für den An- und Abtransport von Fertigungsteilen und auslieferungsbereiten Fahrzeugen. Rund 2.500 Fahrzeuge verlassen pro Tag in bis zu 160 Autotransportern und 120 Doppelstockwaggons das Werksgelände, über 600 Lastwagen und circa

Mit dem zum Modelljahr 2004 präsentierten GTI setzt Volkswagen auf Emotionen, wie ein Wabengitter-Kühlergrill mit rotem Rand, schwarze Schweller, Sportsitze mit dem legendären Karomuster des Ur-GTI oder bis zu 18" große BBS-Leichtmetallfelgen beweisen. Angetrieben wird der Fünfer-GTI von einem zwei Liter großen Vierzylindermotor mit Benzin-Direkteinspritzung und Turbo-Aufladung, der mit 200 PS und 280 Newtonmetern Drehmoment ein Garant für Fahrspaß ist. Neben dem herkömmlichen Sechsgang-Schaltgetriebe ist der ab rund 25.000 Euro erhältliche Sportler ebenfalls mit dem DSG zu ordern.

150 Eisenbahnwaggons liefern Bauteile und Systemgruppen für die Produktion an. Seit dem 1. Juni 2000 findet sich in unmittelbarer Nachbarschaft des Firmengeländes die „Autostadt", ein Erlebnis- und Kompetenzzentrum mit Informationen über die Geschichte der Konzernmarken der Volkswagen AG, zu denen unter anderem mittlerweile auch die Luxusmarke Bentley zählt.

Der Fünfer ist in seinen Dimensionen (1.759 Millimeter Breite, 1.485 Millimeter Höhe, 4.204 Millimeter Länge) rund 2,4 Zentimeter breiter, 4,1 Zentimeter höher und satte 5,5 Zentimeter länger als das Vormodell. Diese messbaren Tatsachen kommen insbesondere dem Innenraum des Neulings zugute: So wachsen Bein- sowie Kopffreiheit im Fond um rund fünf beziehungsweise rund 2,5 Zentimeter an, zusätzlich kann (je nach Ausstattung) bezüglich Stauraumoptimierung die Lehne des Beifahrersitzes horizontal geklappt werden, was zusätzlichen Gepäckraum für lange Transportgüter schafft. Die Lehne der Rückbank ist asymmetrisch teilbar, optional erhältlich ist eine Durchlademöglichkeit in der Rücksitzbank. Innovatives Detail am Heck: Das große, mittig platzierte VW-Emblem dient als Griff zum Öffnen des Kofferraumdeckels.

Fans des Golf 4 R32 können sich im Modelljahr 2005 über einen gleichnamigen Boliden auf Basis der fünften Generation freuen. Die kleine, aber feine Nische der topmotorisierten Kompaktfahrzeuge erlebte zwischen 2001 und 2003 eine Volumen-Verdreifachung von 6.248 auf 20.369 Einheiten pro Jahr (25 Prozent davon waren Golf 4 R32), was Volkswagen letztlich dazu bewog, wieder sein persönliches Topmodell auf dem Markt anzubieten.

Dank eines deutlichen Zuwachses an hochfesten Blechen in der Produktion und nun 70 Metern an Laser-Schweißnähten (im Vergleich zu rund fünf Metern beim Vormodell) pro Fahrzeug ist die Karosserie um 80 Prozent verwindungssteifer als die des Golf 4, was unter anderem der Crash-Sicherheit zugutekommt.

Die Fünfer-Front zieren Doppel-Rundscheinwerfer in einem gemeinsamen Gehäuse pro Fahrzeugseite, in dem sich auch die Blinker finden. Ähnlich gestaltet geben sich auch die Rückleuchten mit ihren Doppellinsen-Elementen. Mit einer perfekten Designmischung aus straffen Linien und dezenten Rundungen wirkt der neueste Streich noch wertiger und zeichnet sich zugleich durch eine noch größere Präsenz im Straßenbild aus.

Unter dem Blech erfuhr die Generation 5 ebenfalls ein Update: Die Vorderachse mit ihrer McPherson-Einzelradaufhängung sowie die neue Mehrlenkerachse mit ihren vier Lenkern im Heck wurden optimiert, wobei nun schräggestellte Stoßdämpfer mit Federn hinten für eine größere Durchladebreite des Kofferraums sorgen. Dämpfer und Schraubenfedern sind getrennt gelagert, die Stabilisatoren rundum liegen

Seite 92: Die Karosserie des R32 wurde komplett überarbeitet; wahlweise gibt es sie in Schwarz Uni, Tornadorot und vier weiteren Metallic- und Perleffekt-Farben, das hier gezeigte Deepblue-Perleffekt ist exklusiv nur für das Topmodell bestellbar. Insbesondere die zwei mittig platzierten Auspuff-Endrohre outen den Golf als 250 PS starken Sportwagen.

direkt an den Federbeinen, was für eine geringere Seitenneigung des Wagens sorgt. Eine elektromechanische Servolenkung ermittelt durch Sensoren in Millisekunden die jeweils aktuelle Fahrgeschwindigkeit und passt daraufhin den Servomotor der Lenkung an.

Der Innenraum wartet mit neuen Details auf, etwa einer neu konzipierten Sitzeinheit, die nun optional sogar über eine vierfach elektrisch verstellbare Lendenwirbelunterstützung verfügt. Erhältlich ist der Fünfer in den Ausstattungsvarianten „Trendline", „Comfortline" und „Sportline". Die vom vorangegangenen Modell bekannte Linie „Highline" existiert ab sofort nicht mehr. Die Basisversion verfügt bereits über elektrische Fensterheber vorne, einen höhenverstellbaren Fahrersitz, eine ebenfalls höhenverstellbare Lenksäule, eine Zentralverriegelung mit Fernbedienung und elektrisch einstell- und beheizbare Außenspiegel. Mit der „Comfortline"-Ausstattung kommen Details wie ein Regen- oder Lichtsensor, eine gepolsterte Mittelarmlehne inklusive Ablagefach, Leichtmetallfelgen im 15"-Format, ein Tempomat und ein automatisch abblendender Innenspiegel hinzu. Getreu dem Namen bekommen „Sportline"-Käufer ihren Golf mit einem tiefergelegten

R32
WOB DJ 496

Im Interieur verfügt der R32 unter anderem über knackig designte und funktionale Schalensitze.

Traumwagen: 300-km/h-Tachometer, Klimaautomatik, Pedalerie in Aluminium-Optik, sechs Airbags, ein Sportlenkrad mit gelochtem Leder und viele weitere Ausstattungsdetails machen R32-Piloten wunschlos glücklich.

Das Herzstück des Golf 5 R32 ist sein Vierventil-Sechszylinder mit 3,2 Litern Hubraum, 250 PS und 320 Newtonmetern Drehmoment, mit dem der Sportler nach bereits 6,5 Sekunden die 100-km/h-Marke durchbricht. Serienmäßig wird die Kraft über ein manuelles Sechsgang-Schaltgetriebe und das „4Motion"-System an alle vier Räder weitergeleitet. Optional gibt es den R32 mit dem direkt schaltenden Doppelkupplungsgetriebe DSG.

Sportfahrwerk, 16"-Rädern, lackierten Schutzleisten und Stoßfängern sowie Innenraum-Features wie Sportsitzen, Intarsien im „Titan"-Design oder Lederapplikationen ausgeliefert. Die Rundinstrumente des Cockpits sind blau beleuchtet und je nach Ausstattung optisch hochwertig von zwei oder vier Chromringen eingefasst.

In allen Ausstattungsversionen verfügt die fünfte Golf-Generation über eine umfangreiche Sicherheitsausstattung. Zu dieser zählen unter anderem serienmäßig sechs Airbags, Kopfstützen (aktive Auslegung vorne mit deutlicher Risikominimierung eines Schleudertraumas) und Dreipunktgurte auf allen fünf Sitzplätzen, eine Antriebsschlupfregelung („ASR" – diese verhindert ein Durchdrehen der Räder auf losem Untergrund), ein elektronisches Stabilitätsprogramm („ESP") und vier Scheibenbremsen inklusive eines Bremsassistenten mitsamt Antiblockiersystem. Ebenso gehören Seitenblinker in den Außenspiegeln und eine elektronische Wegfahrsperre zum Standard jeder Version. Dank Isofix-Halteösen an der Rücksitzbank lassen sich zwei Kindersitze extrasicher befestigen.

Über die drei Ausstattungslinien hinaus gewährleistet eine umfangreiche Optionsliste die Möglichkeit zur Individualisierung des eigenen Golf. Ob Radio-Navigationssysteme, CD-Wechsler, ein ausstellbares Schiebedach, ein Chrompaket für das Exterieur, Bi-Xenon-Scheinwerfer, Anhängerkupplung oder der Parkpilot zum Rückwärtseinparken – nahe-

Mit dem Golf „Plus" bietet Volkswagen ab dem Modelljahr 2005 eine Alternative zur bis dato nicht erhältlichen Golf-5-Kombiversion an: Der Plus ist mit 1.580 Millimetern deutlich höher als sein normaler Bruder und verfügt über eine erhöhte Sitzposition für Fahrer und Beifahrer sowie über mehr Beinfreiheit für die hinteren Passagiere, zudem ist der Gepäckraum mit 505 Litern großzügiger dimensioniert.

zu alles ist bestellbar. Auch zusätzliche Sicherheits-Features wie zwei Airbags für die äußeren Fondpassagiere im viertürigen Golf, eine Alarmanlage oder eine Reifendruckkontrollanzeige sind gegen Aufpreis erhältlich. Sportlich orientierten Käufern kommt Volkswagen mit anderen Front- und Heckschürzen, Seitenschwellern oder 18"-Leichtmetallfelgen mit 225er Reifen entgegen.

Im Premierenjahr der fünften Generation ist der Golf zunächst mit vier Motoren erhältlich, zwei Otto-Motoren und zwei Selbstzündern. Der kleinste Benziner besitzt 1,4 Liter Hubraum, leistet 75 PS bei 5.000 U/min und entwickelt ein Drehmoment von 126 Newtonmetern bei 3.800 U/min. Darüber hinaus ist der Neue auf Wunsch mit dem 1,6-l-FSI-Direkteinspritzer (115 PS bei 6.000 U/min und 148 Newtonmeter bei 3.800 U/min) lieferbar. Dieselfreunde können im Modelljahr 2003 zwischen dem 1,9-l-TDI mit 105 PS Leistung bei 4.000 U/min und 250 Newtonmeter bei 1.900 U/min oder dem 140-PS-Aggregat mit 320 Newtonmeter Drehmoment wählen. Das Grundmodell ist ab rund 15.000 Euro erhältlich.

GOLF
WOB GP 731
WOB DJ 626

Eine weitere Neuigkeit im Modelljahr 2005 ist der Golf GT. Sein lediglich 1,4 Liter großer Vierzylinder verfügt über eine doppelte Aufladung („TSI“ getauft) mit Kompressor und Turbolader, dank der er mit 170 PS bei 5.600 U/min und 220 Newtonmetern bei bereits 1.500 U/min aufwartet. Alternativ ist der GT auch mit einem 2,0-l-Turbodieselaggregat mit gleicher PS-Leistung, allerdings 350 Newtonmetern Drehmoment bei 1.750 U/min bestellbar.

Modelljahr 2004 – Neue Motoren, Allrad & GTI

Ab Januar offeriert Volkswagen gleich drei neue Antriebsaggregate für den Golf: Einen neuen 1,4-l-Benziner mit FSI-Einspritzung, 90 PS und 130 Newtonmetern Drehmoment, darüber hinaus ein weiteres Direkteinspritzer-Aggregat mit zwei Litern Hubraum und 150 PS/200 Newtonmetern Leistung. Ein Ottomotor mit 1,6 Litern Hubraum und 102 PS beziehungsweise 148 Newtonmetern Leistung ist ebenfalls ab sofort bestellbar. Rund einen Monat später ergänzt man das Diesellager durch den neu entwickelten 2,0-l-SDI-Motor mit Pumpe-Düse-Einspritztechnik (75 PS, 140 Newtonmeter). Für beide 1,6-l-Aggregate ist nun auch eine sechsstufige Automatik wählbar, bis September 2004 gibt es im Rahmen der Aktion „30 Jahre Golf" die manuelle Klimaanlage „Climatic" ohne Aufpreis.

Im März 2004 nimmt VW einen neuen TDI-Motor mit 1,9 Litern Hubraum und 90 PS/210 Newtonmetern Leistung ins Portfolio auf, zudem sind die zwei Turbodieselaggregate mit ihren 105 und 140 PS wahlweise mit dem Direktschaltgetriebe (DSG) mit seiner Doppelkupplung und den Schaltwippen am Lenkrad zu bestellen (1.325 Euro Aufpreis). Ebenfalls vorerst den beiden erwähnten TDIs, aber auch

Ab dem Modelljahr 2006 ist auf Basis des Golf Plus auch der „CrossGolf" erhältlich, der unter anderem mit einem um 20 Millimeter höhergelegten „Schlechtwegefahrwerk" und 17"-Leichtmetallfelgen aufwartet.

dem 2,0-l-FSI mit 150 PS vorbehalten bleibt der im Juni eingeführte „4Motion"-Allrad. Auch bei der zweiten Generation ebenjenes Antriebes schickt eine im Ölbad laufende Lamellen-Kupplung die Motorkraft stufenlos von 0 bis 50 Prozent auch an die Hinterräder.

Im August 2004 läuft der 25-millionste Golf vom Fließband, zugleich nimmt man nur vier Wochen später den erst im Januar eingeführten 1,4-l-FSI mit 90 PS Leistung wieder aus dem Programm. Während Letzteres still und heimlich geschieht, erscheint ein neues Golf-Modell mit Pauken und Trompeten zurück auf

der Bildfläche – der GTI. Mit ihm setzt Volkswagen auf Emotionen, wie ein Wabengitter-Kühlergrill mit rotem Rand, schwarze breitere Seitenschwellerverkleidungen, Sportsitze mit dem legendären Karomuster des Ur-GTI oder bis zu 18" große BBS-Leichtmetallfelgen beweisen. Angetrieben wird der GTI von einem zwei Liter großen Vierzylindermotor mit Benzindirekteinspritzung und Turbo-Aufladung, der mit 200 PS und 280 Newtonmetern Drehmoment ein Garant für Fahrspaß ist. Neben dem herkömmlichen Sechsgang-Schaltgetriebe ist der ab rund 25.000 Euro erhältliche Sportler ebenfalls mit dem DSG zu ordern.

Typisch CrossGolf: anthrazitfarbene Karosserieabdeckungen an Seitenschwellern, Türen und Radläufen sowie ein Modellnamen-Folienschriftzug auf den hinteren Türen.

Seite 104: Die größte Neuigkeit zum Modelljahr 2007 ist die Einführung eines Kombis auf Basis der fünften Golf-Generation.

Drei Jahrzehnte später: Der Golf GTI Edition 30 besitzt nicht nur eine noch bessere Ausstattung als der herkömmliche GTI, sondern auch schwarz lackierte Leichtmetallfelgen und rote Ziernähte im Innenraum. Unter der Haube des Sondermodells leistet der bekannte turboaufgeladene 2,0-l-TSI-Benziner 230 PS und 300 Newtonmeter Drehmoment.

Modelljahr 2005 – R32, GT und Plus

Fans des Golf 4 R32 können sich im Modelljahr 2005 über einen gleichnamigen Boliden auf Basis der fünften Generation freuen, der wie viele andere Sondermodelle in den Hallen der „Volkswagen Individual GmbH“ (ähnlich wie die M-GmbH bei BMW oder AMG bei Mercedes), einer hundertprozentigen Volkswagen-Tochter, die dem Kundenwunsch nach noch mehr Individualisierung gerecht wird, entsteht. Die kleine, aber feine Nische der topmotorisierten Kompaktfahrzeuge erlebte zwischen 2001 und 2003 eine Volumen-Verdreifachung von 6.248 auf 20.369 Einheiten pro Jahr (25 Prozent davon waren Golf 4 R32), was Volkswagen letztlich dazu bewog, wieder sein persönliches Topmodell auf dem Markt anzubieten. Der Erfolg des Vierer-R32 zeigte sich unter anderem darin, dass sogar noch im Jahr 2004 – nach dem Debüt der fünften Generation –

WOB G 154
GOLF
2.0 TDI

weitere Neufahrzeuge mit dem sportlichen Sechszylinder an Kunden ausgeliefert wurden.

Das Herzstück des Golf 5 R32 ist sein Vierventil-Sechszylinder mit insgesamt vier obenliegenden Nockenwellen und einem schmalen Winkel von 15 Grad zwischen den Zylinderbänken. Der 3,2-l-V6 (250 PS bei 6.300 U/min, 320 Newtonmeter Drehmoment bei 2.800 U/min) katapultiert den Sportler in lediglich 6,5 Sekunden auf 100 km/h, mit einem Leistungsgewicht von sechs Kilogramm pro Pferdestärke gehört er zu den Besten seines Segmentes. Serienmäßig wird die Kraft über ein manuelles Sechsgang-Schaltgetriebe und das „4Motion"-System an alle vier Räder weitergeleitet. Optional gibt es auch den R32 mit dem direkt schaltenden Doppelkupplungsgetriebe DSG, das den Über-Golf die 100-km/h-Marke dann sogar noch einmal 0,3 Sekunden schneller durchbrechen lässt. Serienmäßig steht der

Am 3. Juni 2007 zelebriert der VW-Konzern die „Große Golf-Show" in der Volkswagen Arena in Wolfsburg. Die Veranstaltung, bei der man das Publikum auf eine Zeitreise durch die letzten 33 Jahre Musik- sowie Golf-Geschichte mitnimmt, wird von Thomas Gottschalk moderiert, zudem geben beim über zwei Stunden langen Programm Stars aus aller Welt ihre größten Musikklassiker zum Besten.

R32 auf 18"-Leichtmetallrädern des Typs „Zolder" mit 225/40er Bereifung, die sich dahinter verbergenden Sättel der innenbelüfteten 17"-Scheibenbremsanlage sind blau lackiert (im Gegensatz zur rot lackierten Anlage des GTI). Zudem erfuhr der Bolide eine Tieferlegung um 20 Millimeter. Die Karosserie des R32 wurde komplett überarbeitet; wahlweise gibt es sie in Schwarz Uni, Tornadorot und vier weiteren Metallic- und Perleffekt-Farben, ein Deepblue-Perleffekt ist exklusiv nur für das Topmodell bestellbar. Bi-Xenon-Licht in abgedunkelten Scheinwerfern, dunkle Heckleuchten, eine Alarmanlage mit Innenraumüberwachung und viele weitere Features gehören zum Serienumfang. Zudem verfügt der R32 über ein spezielles Sportlenkrad mit gelochtem Leder, Schalensitze, einen 300-km/h-Tachometer, Klimaautomatik, eine Pedalerie in Aluminium-Optik und sechs Airbags.

WOB G 164

Als Ausgangsbasis nutzt Volkswagen sein „Stufenheck-Golf"-Modell „Jetta", von der Front bis zum Heck misst der Fünfer-Variant 4,56 Meter und steht auf einem Radstand von 2.578 Millimetern.

Das Kofferraumvolumen des Fünfer-Variant variiert zwischen 505 und 1.550 Litern.

Eine weitere Neuigkeit im Modelljahr 2005 ist die GT-Variante des Golf. Ihr lediglich 1,4 Liter großer Vierzylinder verfügt über eine doppelte Aufladung („TSI" getauft), dank welcher der GT mit 170 PS bei 5.600 U / min und 220 Newtonmetern bei bereits 1.500 U / min aufwartet. Technisch kommt im unteren Drehzahlbereich ein Kompressor zum Einsatz, im mittleren Drehzahlbereich kommt ihm ein Turbolader zu Hilfe. Im oberen Drehzahlbereich wiederum schaltet der Kompressor ab und der Turbo läuft allein weiter. Dies beschert dem GT-Benziner einen homogenen Drehmomentverlauf ohne große Leistungseinbußen. Alternativ ist der GT auch mit einem 2,0-l-Turbodieselaggregat mit gleicher PS-Leistung, allerdings 350 Newtonmetern Drehmoment bei 1.750 U / min bestellbar. Sein Normverbrauch liegt bei genügsamen 5,9 Litern Diesel, zugleich schont der Diesel-GT dank seines serienmäßigen Dieselpartikelfilters die Umwelt.

Mit dem Golf „Plus" bietet Volkswagen eine Alternative zur bis dato nicht erhältlichen Kombi-

PS-Fans können sich im Jahr 2007 über eine Hommage an den zuletzt im Jahr 1983 als besonderen „Grand Tourisme Injection" ab Werk bestellbaren Pirelli-GTI auf Basis des Golf 1 freuen. Wahlweise gibt es ihn in den Außenfarben Blue Graphit, Black Magic Perleffekt, Reflexsilber oder Sunflower.

version an: Der Plus ist mit 1.580 Millimetern deutlich höher als sein normaler Bruder und verfügt über eine erhöhte Sitzposition für Fahrer und Beifahrer sowie mehr Beinfreiheit für die hinteren Passagiere, zudem ist der Gepäckraum mit 505 Litern großzügiger dimensioniert. Bestellbar ist der Plus in den gewohnten Ausstattungsvarianten „Trendline", „Comfortline" und „Sportline" sowie mit allen Motor- und Getriebeversionen.

Unter dem Namen „Golf speed" bietet Volkswagen ein Sondermodell an, dessen Entstehung einigen Konzern-Auszubildenden zu verdanken ist. Von den insgesamt 200 Exemplaren sind jeweils 100 Fahrzeuge in einem Gelb- oder Orangeton aus der Lamborghini-Farbpalette lackiert.

Modelljahr 2006 – GTI „Edition 30" und CrossGolf

Auf Basis des Golf Plus ist ab sofort der „CrossGolf" erhältlich. Er besitzt ein um 20 Millimeter höhergelegtes „Schlechtwegefahrwerk", anthrazitfarbene Karosserieabdeckungen an Seitenschwellern, Türen sowie Radläufen und rollt auf 17-zölligen „Siena"-Leichtmetallfelgen mit 225er Bereifung, zudem ver-

fügt er über eine silberne Dachreling, Nebelscheinwerfer und einen Modellnamen-Folienschriftzug auf den hinteren Türen. Die Motorenpalette umfasst zwei Benziner (1,8-l-Hubraum und 102 PS oder 1,4-l-TSI mit 140 PS) und zwei TDI-Selbstzünder mit serienmäßigem Partikelfilter und wahlweise 1,9 Litern Hubraum mit 105 PS oder 2,0 Litern Hubraum mit 140 PS. Die Kraftübertragung erfolgt über ein Schaltgetriebe mit fünf oder sechs Gängen oder das DSG-Doppelkupplungsgetriebe.

Im Innenraum finden sich CrossGolf-eigene Details wie die Einstiegsleisten oder der Schalthebel mit passendem Schriftzug, eine Pedalerie in Aluminium-Optik oder die Sportsitze im eigenständigen CrossGolf-Design, das sich auch an den Türverkleidungen wiederfindet. Teile des Lederlenkrads und der Lüftungsöffnungen sind in Ice Silver Metallic lackiert.

Drei Jahrzehnte nach Einführung des GTI präsentiert Volkswagen im Rahmen des „2. Golf Record Day“ rund um die Veltins-Arena im nordrhein-westfälischen Gelsenkirchen den Golf GTI Edition 30. Das ab rund 28.000 Euro erhältliche Sondermodell wartet nicht nur mit einer noch besseren Ausstat-

GTI

Die Sportsitze mit Teilleder und gelben Ziernähten tragen ein eingeprägtes Reifenprofil.

tung im Vergleich zum normalen GTI, schwarz lackierten Leichtmetallfelgen und roten Ziernähten im Innenraum auf, sondern kommt außerdem mit mehr Pferdestärken daher. Im GTI Edition 30 leistet der bekannte turboaufgeladene 2,0-l-TSI-Benziner nun ganze 30 PS und 20 Newtonmeter mehr als gewohnt, was auf dem Papier 230 PS bei 5.500 U/min und 300 Newtonmeter im Drehzahlfenster zwischen 2.200 und 5.500 U/min bedeutet.

Mit dem Sondermodell „Goal", das eine reichhaltige Serienausstattung bietet, nutzt Volkswagen den Enthusiasmus zur Fußball-Weltmeisterschaft 2006, die ganz Deutschland in Atem hält.

Modelljahr 2007 – Variant, GTI Pirelli, GT Sport und BlueMotion

Die größte Neuigkeit zum Modelljahr 2007 ist die Einführung eines Kombis auf Basis der fünften Golf-Generation. Eigentlich hätte der Golf Plus als Variant-Ersatz herhalten sollen, im März dieses Jahres allerdings steht auf dem Automobilsalon im schweizerischen Genf dennoch der Familien-Golf vor der staunenden Mischung aus Journalisten und Besuchern. Als Ausgangsbasis nutzt Volkswagen sein „Stufenheck-Golf"-Modell „Jetta", von der Front bis zum Heck misst der Fünfer-Variant 4,56 Meter und steht auf einem Radstand von 2.578 Millimetern. Sein Kofferraum-Volumen variiert zwischen 505 und 1.550 Litern.

PS-Fans können sich 2007 über eine Hommage an den zuletzt im Jahr 1983 als besonderen „Grand Tourisme Injection" ab Werk bestellbaren Pirelli-GTI auf Basis des Golf 1 freuen, von dem damals immerhin 10.500 Exemplare gefertigt wurden. Der Pirelli der fünften Generation erlebt seine Premiere im Rahmen des legendären internationalen GTI-Tref-

Der Pirelli-GTI verfügt über den Antrieb des 230 PS starken „Edition-30"-GTI und trägt besondere Details wie etwa die speziellen Leichtmetallfelgen im Pirelli-Design, komplett lackierte Stoßfänger und Seitenschweller sowie abgedunkelte hintere Scheibenflächen.

Treffen der Generationen:
Pirelli-GTIs von 1983 und 2007

fens am Wörthersee. Er verfügt über den Antrieb des 230 PS starken „Edition-30"-GTI und trägt besondere Details wie etwa die speziellen Leichtmetallfelgen im Pirelli-Design, komplett lackierte Stoßfänger und Seitenschweller, abgedunkelte hintere Scheibenflächen sowie Sportsitze mit Teilleder, gelben Ziernähten und eingeprägtem Reifenprofil zur Schau. Wahlweise gibt es den Pirelli-GTI in den Außenfarben Blue Graphit, Black Magic Perleffekt, Reflexsilber oder Sunflower, wobei letztere Lackmischung eigens für den besonderen GTI kreiert wurde.

Die zum Modelljahr 2005 eingeführte GT-Version des Golf hört auf den Namen „GT Sport". Sie ist ab sofort auch mit einer größeren Anzahl an Motoren wählbar (fünf Benziner und drei Diesel; außer GTI- und R32-Aggregat), optisch unterscheidet sich der GT Sport von seinem Vorgängermodell durch einen minimal modifizierten Frontschürzen-Abschluss, eine komplett lackierte Heckschürze und einen

Die zum Modelljahr 2005 eingeführte GT-Version des Golf hört auf den Namen „GT Sport". Sie ist ab sofort auch mit einer größeren Anzahl an Motoren wählbar (fünf Benziner und drei Diesel; außer GTI- und R32-Aggregat). Optisch unterscheidet sich der GT Sport von seinem Vorgängermodell durch einen minimal modifizierten Frontschürzen-Abschluss, eine komplett lackierte Heckschürze und einen schwarz lackierten Kühlergrillrand.

Showtime: Beim GTI-Treffen am Wörthersee im Jahr 2007 zeigt Volkswagen den „GTI W12-650". Die Mittelmotor-Studie wird von einem zwölfzylindrigen 6,0-l-Biturbo-Motor, der längs direkt hinter Fahrer und Beifahrer eingebaut ist, angetrieben. Das nun über einen Hinterradantrieb verfügende Showcar durchbricht in lediglich 3,7 Sekunden die 100-km/h-Marke, bei 325 Stundenkilometern erreicht der Bolide seinen Top Speed.

Der Biturbo-Zwölfzylinder hinter den Vordersitzen leistet 650 PS und 750 Newtonmeter Drehmoment, 295er Reifen an der Hinterachse bemühen sich um optimalen Fahrbahnkontakt. Über die hinteren Seitenscheiben, die nach innen verjüngt zulaufen, wird der Antrieb mit Kühlluft versorgt.

schwarz lackierten Kühlergrillrand. Ansonsten verfügt der GT Sport wie schon der GT über eine reichhaltige Ausstattung mit tiefergelegtem Sportfahrwerk, Klimaautomatik, Lederapplikationen und Sportsitzen. Neu ins Modell integriert wurden das elektrische Schiebe-/Ausstell-Glasdach und die Nebelscheinwerfer.

Nach der Einführung der BlueMotion-Modelle von VW Passat und Polo ist nun auch der Golf 5 als verbrauchsreduzierende Variante erhältlich. Für 315 Euro Aufpreis erhält der Kunde seinen Wagen mit einer geringen Tieferlegung, einer Verkleidung des Unterbodens, einer Gangwahlempfehlung in der Multifunktionsanzeige und Leichtlaufreifen. So ausgestattet soll der mit dem 1,9-l-TDI (105 PS) versehene BlueMotion-Golf bis zu zwölf Prozent Kraftstoff im Vergleich zum herkömmlichen Modell einsparen und einen Durchschnittsverbrauch von 4,5 Litern erzielen.

Als Nachfolger des „Goal" ist ab Januar das Sondermodell „Tour" mit leicht veränderter Ausstattung und einem Gutschein für einen Reisetag bei einer Buchung über den Veranstalter TUI bestellbar. Dieses Sondermodell wird im Oktober durch den „United" ersetzt, der unter anderem mit Handtuch, Sporttasche und einem Ball des Sportartikelherstellers Nike ausgeliefert wird.

Mit dem Modelljahr 2007 ist der 115 PS starke 1,6-l-FSI-Motor nicht mehr lieferbar; er wird auf der Optionsliste durch das effizienter arbeitende 1,4-l-Turbo-FSI-Aggregat mit 122 PS Leistung und 200 Newtonmetern Drehmoment ersetzt.

Allrad-Einsatz: Kurz vor Produktionsende der fünften Golf-Generation bietet Volkswagen den Golf Variant auch optional mit dem „4Motion"-Allradantrieb an, der das Vorankommen im vielseitigen Familientransporter auf unbefestigten Untergründen sowie bei Matsch und Schnee optimieren soll.

Modelljahr 2008 – Allrad-Kombi

Kurz vor Produktionsende der fünften Golf-Generation bietet Volkswagen den Golf Variant auch optional mit dem „4Motion"-Allradantrieb an, der das Vorankommen im vielseitigen Familientransporter auf unbefestigten Untergründen sowie bei Matsch und Schnee optimieren soll.

WOB PR 172
GOLF
TDI

Der Golf – Generation 6

seit 2008

Unter dem Motto „Der beste Golf aller Zeiten“ präsentiert Volkswagen internationalen Medienvertretern seine neueste Schöpfung für die Kompaktklasse während einer Fahrvorstellung auf Island im September 2008. „Wir haben es geschafft, ihm Schärfe und Kraft zu verleihen, die noch mehr Spaß

machen", so Walter de Silva, seines Zeichens Chefdesigner des VW-Konzerns seit Februar 2007. „Spaß beim Ansehen, Spaß beim Fahren." Mit der sechsten Generation demonstriert man dank zahlreicher verbauter Neuerungen einen innovativen Blick in die Zukunft.

Äußerlichkeiten & Geräuschminimierung

Optisch kommt der Golf 6 sachlich und geradlinig daher. Das Designerteam rund um de Silva verzichtete bewusst auf kühne Schwünge und zu extravagante Formen. „Ein einfaches Design ist wichtig für die nächsten Jahre dieser Generation“, so der Chefdesigner. „Der Neue ist dennoch akzentuierter und dreidimensionaler als seine Vorgänger; mit exakt definierten Linien und Kanten, mit fein proportionierten Wölbungen und Hohlkehlen.“ Ab sofort ruht der Dach- und Scheibenbereich auf einer optisch breiter wirkenden Gürtellinie (vom Volkswagen-Designteam „Charakterlinie“ getauft), die sich von den Scheinwerfern über die Seite bis hin zu den Rückleuchten zieht und dem Sechser so einen Hauch mehr optische Sportlichkeit mit auf den Weg gibt. Letzterer zuträglich sind auch der nun noch schmalere Kühlergrill mit seinen zwei Streben und der Stoßfängerbereich mit den in Schwarz gehaltenen

Ab sofort ruht der Dach- und Scheibenbereich auf einer optisch breiter wirkenden Gürtellinie (vom Volkswagen-Designteam „Charakterlinie" getauft), die sich von den Scheinwerfern über die Seite bis zu den Rückleuchten zieht und dem Sechser so einen Hauch mehr optische Sportlichkeit mit auf den Weg gibt.

Ein Blick in die Prüfhalle für Innen- und Außengeräuschanalysen.

großen Lufteinlässen, welche die Front des neuen Golf noch breiter und dynamischer wirken lassen. Die verchromten Leuchteinheiten der Scheinwerfer platzierte man auf einem schwarzen Hintergrund.

Auch von hinten betrachtet wirkt der Neuling wesentlich breiter und flacher als sein Vorgänger, nicht zuletzt dank der nun mehr in die Breite gezogenen rot-weißen Rückleuchten. Stilistisch weisen sie eine optische Nähe zu den Einheiten des VW Touareg auf. Und tatsächlich bestätigen sich diese ersten optischen Grobeinschätzungen auch auf dem Papier: Zwar weist der Golf 6 im Vergleich zum Vormodell mit 4,20 Metern eine identische Länge auf, er ist jedoch zwei Zentimeter breiter und einen halben Zentimeter flacher. Vorne kürzte das Designteam den Karosserieüberhang um zwölf auf 880 Millimeter ein, wohingegen er im Heck um sieben Millimeter anwuchs. Der Radstand bleibt mit 2.578 Millime-

Von hinten betrachtet wirkt der Neuling wesentlich breiter und flacher als sein Vorgänger, nicht zuletzt aufgrund der nun mehr in die Breite gezogenen rot-weißen Rückleuchten, die stilistisch eine optische Nähe zu den Leuchteinheiten des VW Touareg aufweisen.

„Klassengrenzen sprengen" will Volkswagen mit dem überarbeiteten Innenraum der sechsten Generation. Die Oberflächen wirken noch hochwertiger, zudem setzen Applikationen sowie die vom sportlichen Passat CC adaptierten und in mattiertem Chrom eingefassten Rundinstrumente Akzente. Die Skalierung ist weiß hinterleuchtet, ebenso die Multifunktionsanzeige; die Instrumentenzeiger sind in Rot abgesetzt. Das optionale Radio-Navigationssystem RNS 310 mit Touchscreen weist auf Wunsch den Weg.

tern unverändert. Die neuen, nun bei jeder Golf-Version lackierten Türgriffe liegen jetzt griffiger in der Hand, ebenso erfuhren die Außenspiegel eine aerodynamische Überarbeitung, was für noch weniger Windgeräusche sorgt. Zur Reduzierung Letzterer kommen zudem eine Dämpfungsfolie in der Frontscheibe und um zehn Prozent dickere vordere Seitenscheiben sowie neu entwickelte, zum Teil doppellippige Dichtungen zum Einsatz. Neu konzipiert mittels spezieller Durchschallmessungen und der Nahfeldholografie wurden ebenso die Dämmmaterialien in den Kotflügeln und an der Motorspritzwand, im Bereich des Mitteltunnels, im Kofferraum sowie nahe der Pedalerie und rund um die Belüftungsanlage.

Die inneren Werte

„Klassengrenzen sprengen" will Volkswagen mit dem überarbeiteten Innenraum der sechsten Generation. Die Oberflächen wirken noch hochwertiger, zudem setzen Applikationen (je nach Ausstattung in Titansilber, mattem Chrom oder schwarz glänzend) sowie die vom sportlichen Passat CC adaptierten und in mattiertem Chrom eingefassten Rundinstrumente (Drehzahlmesser links, Tachometer rechts) Akzente. Die Skalierung ist weiß hinterleuchtet, ebenso die Multifunktionsanzeige; die Instrumentenzeiger sind in Rot abgesetzt. Darüber hinaus sitzen die Fensterheber-Schalter und die Außenspiegel-Bedienung in den Türen nun höher sowie weiter vorn und somit griffgünstiger. Optional bestellbar sind das Radio-

Sechs Generationen – eine Zielsetzung.

Navigationssystem RNS 310 mit Touchscreen und eine neue Climatronic-Steuerung (zwei Drehschalter, über die Fahrer und Beifahrer getrennt voneinander die Temperatur einstellen können).

Wahlweise gibt es den Neuen in den Ausstattungsvarianten „Trendline", „Comfortline" und „Highline", in allen Versionen ist ein Staufach in der Fahrerseiten-Türverkleidung für Warnweste oder Ähnliches serienmäßig. Der Kofferraum des in Wolfsburg und Zwickau gefertigten Sechsers fasst – identisch zum Golf 5 – zwischen 350 und 1.305 Liter, seine Tiefe variiert zwischen 828 und 1.581 Millimetern (bei umgelegter Rücksitzbank).

Den im Vergleich zum Golf 5 gestiegenen Einstiegspreis von 16.500 Euro gleicht Volkswagen mit einer Erweiterung der Ausstattung aus. So verfügt bereits die Basisversion „Trendline" etwa über die Multifunktionsanzeige zwischen Drehzahlmesser und Tachometer, Tagfahrlicht, ESP, den Komfortbremsassistenten, Fahrer-Knieairbag oder auch die „Climatic"-Klimaanlage.

Zusätzlich zu den „Trendline"-Features kommt die „Comfortline"-Ausstattung (ab 18.000 Euro) unter anderem mit 16"-Stahlrädern (anstatt 15-Zöllern), einem Chromrahmen um die Kühlergrill-Streben, Einparksensoren vorne wie hinten, einem Lederlenkrad sowie einem Lichtschalter in Chrom daher.

Die vom Fünfer-Golf bekannte „Sportline"-Ausstattung wird beim Neuling durch die zuletzt beim Golf 4 verwendete „Highline"-Version (ab 21.925 Euro) ersetzt. Sie umfasst zum Beispiel 17"-Leichtmetallfelgen, eine erweiterte Multifunktionsanzeige, Nebelscheinwerfer mit Abbiegelicht, eine vordere Mittelarmlehne zwischen den Sportsitzen mit Alcantara-Mittelteil und kirschrote Rückleuchten. Sitzheizung, Parkpilot, eine Scheinwerfer-Waschanlage und beheizte Scheinwerfer-Waschdüsen sowie eine Klimaautomatik ergänzen den „Highline"-Golf, der auch durch seine verchromten Streben im Kühlergrill-Schutzgitter und verchromte Lufteinlassgitter in Erscheinung tritt.

Wahlweise gibt es den Sechser in den Ausstattungsvarianten „Trendline“, „Comfortline“ und „Highline“ (Letztere ersetzt die vom Golf 5 bekannte „Sportline“-Ausstattung).

Zu seinem Marktstart im Oktober 2008 ist der Golf 6 zunächst mit vier Benzinern und zwei Dieseln zu bestellen: einem 1,4-Liter-Vierzylinder mit 80 PS und 132 Newtonmetern, einem 1,6 Liter fassenden Vierzylinder mit 102 PS und 148 Newtonmetern, einem Turbo-FSI-Motor mit 1,4 Litern Hubraum und 122 PS bei 5.000 U/min bzw. 200 Newtonmeter und einem zweiten Turbo-FSI mit identischem Hubraum, allerdings doppelter Aufladung durch Kompressor und Turbolader und 160 Pferdestärken bei 5.800 U/min und einem maximalen Drehmoment von 240 Newtonmetern bei bereits 1.500 U/min. Die zwei Selbstzünder besitzen jeweils zwei Liter Hubraum und 110 PS/250 Newtonmeter oder 140 PS/320 Newtonmeter an Leistung.

Bis zu neun Airbags (Fahrer-, Beifahrer-, Seitenairbags in den Lehnen vorne und hinten, Kopfairbags zur Deckung des seitlichen Fensterbereiches und ein Knieairbag – unterhalb des Armaturenbrettes – für den Fahrer) schützen bei schwereren Unfällen.

Safety First

Ab Werk ist der Sechser mit einem Höchstmaß an passiver Sicherheitsausstattung zu bestellen. Zusätzliche Verstärkungen in den Türen schützen beim Seitenaufprall, bis zu neun Airbags (Fahrer-, Beifahrer-, Seitenairbags in den Lehnen vorne und hinten, Kopfairbags zur Deckung des seitlichen Fensterbereiches und ein Knieairbag – unterhalb des Armaturenbrettes – für den Fahrer) bei schwereren Unfällen. Wer seinen Golf mit hinteren Seitenairbags bestellt, wird über die Multifunktionsanzeige zwischen den Armaturen und einen Warnton darüber unterrichtet, ob auch die Fondpassagiere angeschnallt sind.

Gleichzeitig nutzt Volkswagen die aktuellste Golf-Generation zur Einführung eines neuen Sensorkonzeptes: Mit ihm ist es möglich, nicht nur fühlbare, sondern auch hörbare Unfallsignale intelligent in Sekundenbruchteilen auszuwerten und so Air-

bag-Sensorik und Gurtstraffer optimal auf die Schwere eines Unfalles abzustimmen. Ergänzend zu den umfangreich installierten Luftsäcken verfügt der Golf 6 außerdem über ein „Whiplash-optimiertes-Kopfstützensystem" („Whiplash" – englisch für Schleudertrauma).

Adaptive Fahrwerksregelung

Im Frühjahr 2008 erblickte das „DCC"-System – damals im Passat CC – erstmals das Licht der Öffentlichkeit, später folgte die Einführung in den neu aufgelegten Scirocco. Die adaptive Fahrwerksregelung ist nun auch für den Golf erhältlich und misst bis zu 1.000 Mal pro Sekunde an jedem Rad einzeln über Sensoren die jeweilige Fahrbahnbeschaffenheit. Zugleich wertet die Stoßdämpferregelung die Signale von Servolenkung, Getriebe, Bremsen, Motor und

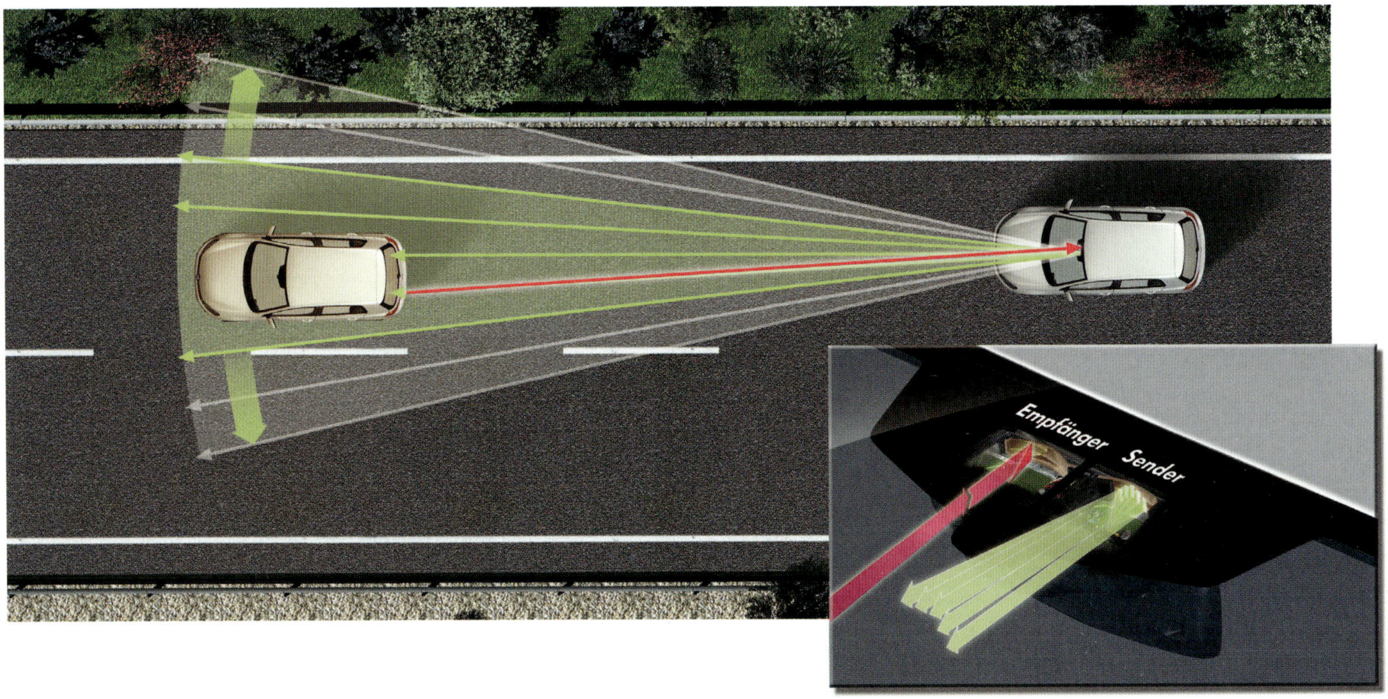

Mit der optional erhältlichen „Adaptive Cruise Control" wird nicht nur die zuvor vom Fahrer gewählte Geschwindigkeit gehalten, sondern ebenso der vorab ausgewählte Abstand zum vorausfahrenden Verkehr. Ein über dem Innenspiegel installierter Lasersensor mit fünf Strahlen erfasst diesen Abstand permanent und regelt zugleich die Geschwindigkeit des eigenen Wagens durch dezente Motor- und Bremseingriffe.

Im Heck verraten lediglich ein zusätzlicher Dachkantenspoiler, die Auspuffanlage mit zwei Endrohren und der dezente Diffusor dazwischen den extrasportlichen Golf.

Fahrassistenzsystem aus und passt die Dämpfercharakteristik in Millisekunden auf die Bedürfnisse an. Wank- und Nickbewegungen lassen sich dadurch deutlich reduzieren.

Das Ansprechverhalten lässt sich den individuellen Vorstellungen über drei wählbare Programm-Modi anpassen: Neben der Stufe „Normal" als Grundeinstellung steht der „Comfort"-Modus auf schlechten Wegstrecken hilfreich zur Seite. Dynamische Fahrer entscheiden sich für die Stellung „Sport", bei der sowohl die Dämpfergrundeinstellung härter als gewohnt als auch die Lenkunterstützung direkter ausgelegt ist.

Automatische Distanzregelung

Hinter den Buchstaben ACC, kurz für „Adaptive Cruise Control", verbirgt sich ein weiteres Assistenzsystem, welches erstmalig für die Golf-Modelle erhältlich ist und eine Erweiterung des gewohnten Tempomaten darstellt. Mit dem ACC wird nicht nur die zuvor vom Fahrer gewählte Geschwindigkeit gehalten, sondern ebenso der vorab ausgewählte Abstand zum vorausfahrenden Verkehr. Ein über dem Innenspiegel installierter Lasersensor mit fünf Strahlen erfasst diesen Abstand permanent und regelt zugleich die Geschwindigkeit des eigenen Wagens durch dezente Motor- und Bremseingriffe. Über die drei unterschiedlichen Fahrprogramme „Normal", „Sport" und „Comfort" lassen sich die Aktionen des Computers auf die eigenen Bedürfnisse anpassen, der Folgeabstand ist fünffach über einen Hebel an der Lenksäule justierbar. Informationen über die ACC-Einstellungen werden in der Multifunktionsanzeige dargestellt. Gerät das System an seine Grenzen, meldet es sich durch optische und akustische Signale.

MICHELIN
MICHELIN
MICHELIN
GTI
WOB GO 620

„Park Assist" – Einparken per Computer

Bereits aus anderen VW-Modellen bekannt, aber erstmals im Golf optional bestellbar ist das „Park-Assist"-System (welches zugleich den Parkpiloten am Heck und den Berganfahrassistenten beinhaltet). Hier übernimmt der Computer das nahezu automatische Rückwärtseinparken des Pkws parallel zur Fahrbahn. Während der Fahrer lediglich Gas, Kupplung und Bremse kontrolliert, erfolgen die Lenkbewegungen sensorgesteuert wie von Zauberhand in die zuvor vom „Park Assist" via Ultraschallsensoren ausgemessene Parklücke. Während des Scanvorgangs darf maximal mit einer Geschwindigkeit von 30 Stundenkilometern gefahren werden und es muss ein Abstand zu den rechts oder links am Straßenrand parkenden Fahrzeugen zwischen 0,5 und 1,5 Metern eingehalten werden. Die Startposition des Parkvorgangs erfährt der Fahrer über ein Display, anschließend wird der Rückwärtsgang eingelegt und der automatische Lenkvorgang beginnt. Nach circa 15 Sekunden steht der eigene Pkw in der Lücke und das System schaltet sich ab.

Wer sich für das Radio- bzw. Radio-Navigationssystem RCD 510 oder RNS 510 entscheidet, erhält ein weiteres hilfreiches Feature zum Zurücksetzen oder Einparken – eine Rückfahrkamera mit Weitwinkeloptik (130 Grad horizontal, 100 Grad vertikal). Diese versteckt sich im VW-Emblem auf der Heckklappe und übermittelt ihr Bild auf den Touchscreen-Monitor im Armaturenbrett. Der eingeschlagene Weg wird auf ihm durch eingeblendete Orientierungslinien dargestellt.

Treffen der Generationen: Golf 1 und Golf 6 GTI sprechen die gleiche sportliche Sprache.

Die neu gestalteten Rundinstrumente sind ab der sechsten Golf-Generation weiß hinterleuchtet. Benzinstand und Kühlwassertemperatur sind in separaten Uhren ablesbar.

Gelungen: Die Rückfahrkamera verbirgt sich dezent hinter dem VW-Emblem an der Heckklappe.

Die Heimat des Piloten akzentuierte das Entwicklerteam unter anderem durch rote Ziernähte, eine Alu-Pedalerie und das unten abgeflachte Sportlenkrad mit passendem Schriftzug, an dem sich ebenso Steuerungstasten für das Unterhaltungssystem finden.

Antriebswahl

Zum Marktstart im Oktober 2008 ist der Golf 6 zunächst mit vier Benzinern und zwei Dieseln zu bestellen. Den Einstieg bildet ein 1,4-l-Vierzylinder mit 80 PS und 132 Newtonmetern Drehmoment, mit dem ein Verbrauch von 6,4 Litern und eine Höchstgeschwindigkeit von 172 km/h möglich sind. Der Vierzylinder besitzt einen Aluminium-Block, wiegt lediglich 94 Kilogramm und erfüllt bereits die seit September 2009 geltende Euro-5-Abgasnorm.

Letztere erfüllt auch das zweite Aggregat im Antriebsbunde: der 1,6 Liter fassende Vierzylinder mit 102 PS und 148 Newtonmetern Leistung. Das Reihen-Aggregat mit seiner Saugrohr-Einspritzung beschleunigt den Sechser in 11,3 Sekunden auf 100 km/h, der Top Speed beträgt 188 Stundenkilometer. Als Durchschnittsverbrauch gibt Volkswagen für den 1,6er einen Wert von 7,1 Litern an, zudem kann er erstmals auch mit dem neuen Siebengang-Direktschaltgetriebe bestellt werden. Die Kraftstoffersparnis soll mit diesem im Vergleich zur gewohnten Automatik rund 18 Prozent betragen.

Beim Benziner Nummer 3 handelt es sich um den erst zum Modelljahr 2007 eingeführten Turbo-FSI-Motor mit 1,4 Litern Hubraum, 122 PS bei 5.000 U/min und 200 Newtonmetern Drehmoment zwischen 1.500 und 4.000 U/min. Der aufgeladene Vierzylinder-Direkteinspritzer ist mit lediglich 6,2 Litern Normverbrauch angegeben, serienmäßig kommt er mit einem Sechsgang-Schaltgetriebe daher. Wählt der Kunde das DSG, sollen gar sechs Liter Verbrauch möglich sein. In 9,5 Sekunden durchbricht der Golf 1,4-TSI die 100-km/h-Marke, bevor er sich bei 200

Die GTI-Sportsitze mit ihren ausgeprägten Seitenwangen und dem Karodesign wecken Erinnerungen an den Einser-GTI.

Dank 2,0-Liter-Vierzylinder mit Turboaufladung leistet der Sechser-GTI 210 PS und 280 Newtonmeter Drehmoment, die ihn innerhalb von 6,9 Sekunden auf 100 km/h beschleunigen. Seinen Top Speed erreicht der Sportler bei 240 km/h.

km/h dem Windwiderstand beugen muss. Eine Besonderheit des Benziners ist sein wasserdurchströmter Ladeluftkühler, der direkt im Saugrohr installiert ist. Derart konzipiert weist das System ein geringeres Volumen als bei herkömmlichen Konzepten auf. So ist letztlich die Zeit, um im Saugrohr den notwendigen Ladedruck von 1.800 Millibar zu erzeugen, deutlich verkürzt.

Das zur Einführung des Golf zunächst erhältliche Ottomotor-Topaggregat besitzt ebenfalls lediglich 1,4 Liter Hubraum. Im Gegensatz zum 122-PS-Bruder setzt Volkswagen hier allerdings neben dem Turbolader auf eine zusätzliche Aufladung durch einen Kompressor, wie man es bereits zum Modelljahr 2005 im Modell GT in Serie praktizierte. Derart bestückt entwickelt der Benziner 160 Pferdestärken bei 5.800 U/min und ein maximales Drehmoment von 240 Newtonmetern bei bereits 1.500 U/min. Im Premieren-Modelljahr ist dieses Aggregat vorerst nur mit dem Direktschaltgetriebe erhältlich, welches den Golf nach glatten acht Sekunden auf 100 km/h und auf bis zu 220 km/h beschleunigt.

Laut Volkswagen ist ein Durchschnittsverbrauch von sechs Litern möglich. Für den Einsatz im Golf 6 unterzog man den doppelt aufgeladenen TSI einer aufwendigen Überarbeitung: Dank eines neu ausgelegten Einlasskanals verzichtet man nun auf die Klappenschaltung zur Beeinflussung der Ladungsbewegung. Außerdem wurden neue Hochdruckeinspritzventile, Kolben und Zylinderlaufbahnen installiert und der Ölkreislauf wurde durch eine sparsamere Pumpe modifiziert.

GTI
WOB
D

Als optische Ausgangsbasis nutzten die Designer zwar die normale Golf-Karosserieform, verwandelten sie allerdings mit allerlei Kniffen in den Breitensportler GTI. Die typisch wabenförmigen Gitter im Kühlergrill und die bis über die Xenon-Scheinwerfer gezogene Motorhaube adaptierte das Entwicklungsteam vom GTI der fünften Generation.

Seite 138: Der vordere Stoßfängerbereich des neuen GTI erinnert an die „GTI-W12-650"-Studie auf Basis des Golf 5, die man während des GTI-Treffens am Wörthersee im Jahr 2007 präsentierte.

Nach rund dreieinhalb Jahren auf dem Markt und über 500.000 verkauften Exemplaren erhält auch der Golf 5 Plus das Frontdesign der sechsten Generation, Heck sowie Interieur werden ebenfalls dezent überarbeitet.

Mit zwei Selbstzündern rundet Volkswagen die Motorenpalette des neuen Golf im Premierenjahr zunächst ab, einige Monate später folgen weitere Aggregate, sodass das Leistungsspektrum der Dieselmotoren letztlich zwischen 90 und 170 PS liegen wird. Ab sofort verfügen alle Diesel über die Vierventil-Common-Rail-Technologie. Bis zu 1.800 Bar Einspritzdruck und spezielle Achtloch-Einspritzdüsen ermöglichen eine feine Zerstäubung des Dieselkraftstoffes, Piezo-Inline-Injektoren steuern die Einspritzvorgänge.

Bei seinem Debüt ist der Golf einerseits mit einem zwei Liter fassenden TDI mit 110 PS bei 4.200 U/min und 250 Newtonmetern Drehmoment ab 1.500 U/min ausgestattet, dessen Verbrauch man mit 4,5 Litern Diesel – und somit auf dem gleichen Niveau wie beim bisherigen Golf BlueMotion mit 105 PS – angibt. 10,7 Sekunden benötigt der Selbstzünder für den Sprint auf 100 km/h, bei 194 km/h erreicht er seine Höchstgeschwindigkeit. Serienmäßig wird die Leistung über ein Fünfgang-Schaltgetriebe an die Vorderachse weitergeleitet, ein Dieselpartikelfilter schont die Umwelt.

Mit 30 PS Mehrleistung kommt die zweite Variante des Zweiliter-TDI daher. Bei 4,9 Litern Dieselverbrauch auf 100 Kilometern wartet der Motor zudem mit einem Drehmoment von 320 Newtonmetern bei 1.750 U/min auf und beschleunigt den Million-Seller so innerhalb von 9,3 Sekunden auf 100 km/h, bei 209 km/h erreicht er seine Höchstgeschwindigkeit.

Beide Dieselmotoren sind optional auch mit einem sechsstufigen Direktschaltgetriebe orderbar, die herkömmliche Automatik ist aufgrund ihres Verbrauchsnachteils im Vergleich zum DSG ab sofort in keinem Golf mehr erhältlich.

Alle Motoren müssen ab sofort erst nach frühestens 60.000 gefahrenen Kilometern oder spätestens drei Jahren zur Inspektion, anschließend erfolgt der Inspektionsturnus im Zweijahres-Rhythmus.

Golf GTI – Scharf und souverän

Seit dem Frühjahr 2009 lässt der neue „Grand Tourisme Injection" das Herz der Golf-Fans höherschlagen. Auf Basis der sechsten Generation präsentieren die Volkswagen-Mannen einen Bestseller mit Bestwerten, der seit seiner Einführung im Jahr 1976 mehr als 1,7 Millionen Käufer und Käuferinnen fand.

Als optische Ausgangsbasis nutzen die Designer zwar die normale Golf-Karosserieform, verwandeln sie allerdings mit allerlei Kniffen in den Breitensportler GTI. Die typisch wabenförmigen Gitter im Kühlergrill und die bis über die Xenon-Scheinwerfer gezo-

GTI
WOB GO 620

Auf der Bologna Motor Show 2008 zeigt Volkswagen die Serienversion einer Autogasanlage für den Golf 6, die bereits beim Neuwagenkauf mitbestellt werden kann. Der Gastank wurde platzsparend in die Reserveradmulde des Kofferraumbodens integriert.

gene Motorhaube adaptierte das Entwicklungsteam vom GTI der fünften Generation. „Die klare, horizontale Ausrichtung indes geht eindeutig auf den Ur-GTI von 1976 zurück“, so VW-Chefdesigner Walter de Silva.

Derart entworfen wirkt der Neuling breiter als ein „Normalo“-Golf, wobei der an die „GTI-W12-650“-Studie (auf Basis des Golf 5, präsentiert während des GTI-Treffens am Wörthersee im Jahr 2007) erinnernde vordere Stoßfängerbereich mit dem riesigen Lufteinlass sein Übriges dazu beiträgt. Im Heck verraten lediglich ein zusätzlicher Dachkantenspoiler, die Auspuffanlage mit zwei Endrohren und der dezente Diffusor dazwischen den extrasportlichen Golf.

Der 4,21 Meter lange, 1,78 Meter breite und 1,47 Meter hohe Sechser-GTI verfügt über ein um 22 Millimeter tiefergelegtes Sportfahrwerk mit neu abgestimmter Feder-Dämpfereinheit und überarbeiteten hinteren Stabilisatoren. Zudem ist ein neues elektronisches Sperrdifferenzial namens „XDS“ an Bord, welches eine bessere Traktion gewährleisten soll. Optional erhältlich sind unter anderem die adaptive Fahrwerksregelung DCC, das Direktschaltgetriebe anstelle des serienmäßigen Sechsgang-Schaltgetriebes und 18 Zoll messende Leichtmetallfelgen.

Das Herzstück des neuen GTI bildet wie gewohnt der zwei Liter Hubraum aufweisende Vierzylindermotor mit Turboaufladung, dessen Leistung nun um 10 PS auf 210 Pferdestärken angewachsen ist. Das Drehmoment beträgt wie bisher 280 Newtonmeter, wird nun aber bereits bei 1.800 U/min erreicht. Mit diesen Werten beschleunigt der Sportler innerhalb von 6,9 Sekunden auf 100 km/h, um sich erst bei 240 Stundenkilometern dem Windwiderstand zu beugen. Bei all dieser Fahrfreude beziffert Volkswagen

den Durchschnittsverbrauch dennoch auf akzeptable 7,5 Liter Kraftstoff.

Die Heimat des Piloten akzentuierte das Entwicklerteam rund um de Silva unter anderem durch rote Ziernähte, eine Alu-Pedalerie und die obligatorischen Sportsitze mit ihren ausgeprägten Seitenwangen, die in ihrem Karodesign Erinnerungen an den Einser-GTI wecken. Ebenfalls ein optisches Highlight ist das unten abgeflachte Sportlenkrad mit passendem Schriftzug, an dem sich ebenso Steuerungstasten für das Unterhaltungssystem finden.

Die Zukunft

Ein Ende der Golf-Erfolgswelle ist auch nach 35 Jahren auf dem Markt nicht abzusehen. Volkswagens Million-Seller hat in seinem gesamten Lebenszyklus, von dessen Länge so mancher Hersteller bei den eigenen Modellen träumen dürfte, immer wieder geschickte Wandlungen und Weiterentwicklungen vollzogen. Und obgleich dabei die einzelnen Generationen mehr und mehr vom Urtyp abweichen, so gelingt es seinen Vätern dennoch mit jedem neuen Modelljahr, die Vormachtstellung des Golf-Klassen-Schöpfers in seiner eigenen Klasse zu festigen. Seine umfangreiche serienmäßige Sicherheitsausstattung, die solide Technik, das funktionale Design und die großen Individualisierungsmöglichkeiten werden dem Golf auch in Zukunft einen festen Platz in den Garagen, vor allem aber den Herzen der Menschen sichern – egal ob Familie, Firma oder Tuning-Individualist. Der Golf ist das perfekte „Allerwelts-Auto", wie Volkswagen höchstselbst im Rahmen einer seiner Werbeanzeigen zum Golf 1 bereits in den 1970er-Jahren prophetisch prognostizierte. Dem gibt es an dieser Stelle nichts mehr hinzuzufügen …

WOB GO 169

Ein Ende der Golf-Erfolgswelle ist auch nach 35 Jahren auf dem Markt nicht abzusehen. Wir freuen uns auf die Zukunft des Dauerbrenners!